数控加工技术

上官建林　编著

化学工业出版社

·北京·

本书是高职高专教学做一体的项目化教材，内容包括数控车削和数控铣削加工技术，从认识数控机床和数控系统开始，逐步学习用数控车床加工台阶轴、圆弧面、槽、螺纹和成型面，用数控铣床加工外轮廓、内轮廓和孔以及刀具半径补偿编程和子程序编程。在完成编程、加工任务的同时，通过“知识准备”和“知识拓展”模块，介绍数控车床和铣床、数控加工工艺、安全文明生产的相关知识。本书适应高职高专教学改革的要求，采用“项目引领，任务驱动”的方式，项目设计从工程实际出发，依据学生考取职业资格证书的要求编写，够用为止。

本书可作为高职高专机电、机械、数控类专业教材，也可作为机械制造行业职业培训教材及教学参考书。

图书在版编目（CIP）数据

数控加工技术/上官建林编著．—北京：化学工业出版社，2015.9

ISBN 978-7-122-24875-6

Ⅰ．①数…　Ⅱ．①上…　Ⅲ．①数控机床-加工-高等职业教育-教材　Ⅳ．①TG659

中国版本图书馆CIP数据核字（2015）第185659号

责任编辑：程树珍　李玉晖　　装帧设计：刘剑宁

责任校对：王素芹

出版发行：化学工业出版社（北京市东城区青年湖南街13号　邮政编码100011）

印　　刷：北京永鑫印刷有限责任公司

装　　订：三河市宇新装订厂

710mm×1000mm　1/16　印张7¼　字数123千字　2015年10月北京第1版第1次印刷

购书咨询：010-64518888（传真：010-64519686）　售后服务：010-64518899

网　　址：http：//www.cip.com.cn

凡购买本书，如有缺损质量问题，本社销售中心负责调换。

定　　价：22.00元

前　言

本书为职业院校专业课理论与实践一体化教学改革成果、校企合作改革成果。本书依据教育部颁布相关教学指导方案，结合长期教学改革实践编写。本书坚持“以服务为宗旨，以就业为导向”的职业教育办学方针，采用“项目引领，任务驱动”的编写模式，通过教师引领学生完成本书所设计的工作任务，使学生逐渐掌握《数控机床加工技术》的基本职业技能。

本书以华中系统数控机床为样机，综合数控车削加工和数控铣削加工两门课的主要内容——包括认识数控机床及华中数控系统、数控车削台阶轴加工、槽及螺纹加工、圆弧面加工、成型面加工及数控车削综合训练，数控铣削内外轮廓加工、半径补偿编程方法、孔加工、子程序及数控铣削综合训练等。

全书编写具有以下特色：

1. 以实践技能为主线，理论知识突出实用、够用，将讲授理论知识与培养操作技能有机地结合起来。

2. 采用项目式教学，理论与实践一体化的编写形式。项目引领，任务驱动，通过若干技能训练任务围绕实践技能开展教学，在实践中融入理论知识，实现“学中做、做中学”。

3. 教材内容与职业资格证书相对接。依据国家职业技能标准编写，通过设计的技能训练任务来加强国家职业资格所规定的知识技能和操作技能的培养。

本书总教学时数为96学时，可采用理论实践一体化教学，学时分配为理论占三分之一，实践占三分之二。其中每个任务的知识拓展部分可视专业及学时数选学。

由于编者水平有限，书中难免有疏漏和不当之处，敬请读者批评指正。

编者

2015年6月

项目一　数控机床概述

● 项目介绍

数控机床是数字控制机床（computer numerical control machine tools）的简称，是一种装有程序控制系统的自动化机床。数控机床的基本组成包括加工程序载体、数控装置、伺服驱动装置、机床主体和其他辅助装置。数控机床的维修主要分为六个部分，包括机床机械部件的维修、位置反馈装置的维修、数控系统维修、伺服系统维修、机床电器柜（也称为强电柜）维修及操作面板的维修。

● 知识目标

1）理解数控机床的基本定义、组成、原理及分类。

2）了解数控机床故障特点、分类，维修前的基本要求、故障处理的基本方法以及维修人员应具备的基础知识和技能。

● 技能目标

1）能正确认识数控机床结构及其组成部分。

2）能够正确应用数控机床故障处理方法来判断分析故障。

● 素质目标

1）通过规范操作，建立劳动保护与安全文明生产意识。

2）通过互动学习、理论实践一体化教学，调动学生学习的积极性与主动性。

任务一　认识数控机床

任务描述

通过数控机床概述的学习，掌握数控机床的定义；数控机床由哪机部分组成；数控机床的工作原理及数控机床可以分为哪几类。

任务目标

1）了解数控机床的定义。

2）了解数控机床的组成部分。

3）掌握数控机床的工作原理及数控机床的分类。

知识准备

数控机床是一种装有程序控制系统的自动化机床。该控制系统能够逻辑地处理具有控制编码或其他符号指令规定的程序，并将其译码，用代码化的数字表示，通过信息载体输入数控装置。经运算处理由数控装置发出各种控制信号，控制机床的动作，按图纸要求的形状和尺寸，自动地将零件加工出来。数控机床较好地解决了复杂、精密、小批量、多品种的零件加工问题，是一种柔性的、高效能的自动化机床，代表了现代机床控制技术的发展方向，是一种典型的机电一体化产品。

（一）数控机床的组成

数控机床的基本组成包括加工程序载体、数控装置、伺服驱动装置、机床主体和其他辅助装置。下面分别对各组成部分的基本工作原理进行概要说明。

1. 控制介质（加工程序载体）

数控机床工作时，不需要工人直接去操作机床，要对数控机床进行控制，必须编制加工程序。零件加工程序中，包括机床上刀具和工件的相对运动轨迹、工艺参数（进给量主轴转速等）和辅助运动等。将零件加工程序用一定的格式和代码，存储在一种程序载体上，如穿孔纸带、盒式磁带、软磁盘等，通过数控机床的输入装置，将程序信息输入到CNC单元。

2. 数控装置

数控装置是数控机床的核心。现代数控装置均采用CNC（computer numerical control）形式，这种CNC装置一般使用多个微处理器，以程序化的软件形式实现数控功能，因此又称软件数控（software NC）。CNC系统是一种位置控制系统，它是根据输入数据插补出理想的运动轨迹，然后输出到执行部件加工出所需要的零件。因此，数控装置主要由输入、处理和输出三个基本部分构成。而所有这些工作都由计算机的系统程序进行合理的组织，使整个系统协调地进行工作。

（1）输入装置　将数控指令输入给数控装置，根据程序载体的不同，相应有不同的输入装置。主要有键盘输入、磁盘输入、CAD/CAM系统直接通信方式输入和连接上级计算机的DNC（直接数控）输入，现仍有不少系统还保留有光电阅读机的纸带输入形式。

1）纸带输入方式。可用纸带光电阅读机读入零件程序，直接控制机床运动，也可以将纸带内容读入存储器，用存储器中储存的零件程序控制机床运动。

2）MDI手动数据输入方式。操作者可利用操作面板上的键盘输入加工程序的指令，它适用于比较短的程序。

在控制装置编辑状态（EDIT）下，用软件输入加工程序，并存入控制装置的存储器中，这种输入方法可重复使用程序。一般手工编程均采用这种方法。

在具有会话编程功能的数控装置上，可按照显示器上提示的问题，选择不同的菜单，用人机对话的方法，输入有关的尺寸数字，就可自动生成加工程序。

3）采用DNC直接数控输入方式。把零件程序保存在上级计算机中，CNC系统一边加工一边接收来自计算机的后续程序段。DNC方式多用于采用CAD/CAM软件设计的复杂工件并直接生成零件程序的情况。

（2）信息处理　输入装置将加工信息传给CNC单元，编译成计算机能识别的信息，由信息处理部分按照控制程序的规定，逐步存储并进行处理后，通过输出单元发出位置和速度指令给伺服系统和主运动控制部分。CNC系统的输入数据包括：零件的轮廓信息（起点、终点、直线、圆弧等）、加工速度及其他辅助加工信息（如换刀、变速、冷却液开关等），数据处理的目的是完成插补运算前的准备工作。数据处理程序还包括刀具半径补偿、速度计算及辅助功能的处理等。

（3）输出装置　输出装置与伺服机构相连。输出装置根据控制器的命令接受运算器的输出脉冲，并把它送到各坐标的伺服控制系统，经过功率放大，驱动伺服系统，从而控制机床按规定要求运动。

3. 伺服系统和测量反馈系统

伺服系统是数控机床的重要组成部分，用于实现数控机床的进给伺服控制和主轴伺服控制。伺服系统的作用是把接受来自数控装置的指令信息，经功率放大、整形处理后，转换成机床执行部件的直线位移或角位移运动。由于伺服系统是数控机床的最后环节，其性能将直接影响数控机床的精度和速度等技术指标，因此，对数控机床的伺服驱动装置，要求具有良好的快速反应性能，准确而灵敏地跟踪数控装置发出的数字指令信号，并能忠实地执行来自数控装置的指令，提高系统的动态跟随特性和静态跟踪精度。

伺服系统包括驱动装置和执行机构两大部分。驱动装置由主轴驱动单元、进给驱动单元和主轴伺服电动机、进给伺服电动机组成。步进电动机、直流伺服电动机和交流伺服电动机是常用的驱动装置。

测量元件将数控机床各坐标轴的实际位移值检测出来并经反馈系统输入到机床的数控装置中，数控装置对反馈回来的实际位移值与指令值进行比较，并向伺服系统输出达到设定值所需的位移量指令。

4. 机床主体

数控机床的主体包括床身、底座、立柱、横梁、滑座、工作台、主轴箱、进给机构、刀架及自动换刀装置等机械部件。它是在数控机床上自动地完成各种切削加工的机械部分。与传统的机床相比，数控机床主体具有如下结构特点。

1）采用具有高刚度、高抗震性及较小热变形的机床新结构。通常用提高结构系统的静刚度、增加阻尼、调整结构件质量和固有频率等方法来提高机床主机的刚度和抗震性，使机床主体能适应数控机床连续自动地进行切削加工的需要。采取改善机床结构布局、减少发热、控制温升及采用热位移补偿等措施，可减少热变形对机床主机的影响。

2）广泛采用高性能的主轴伺服驱动和进给伺服驱动装置，使数控机床的传动链缩短，简化了机床机械传动系统的结构。

3）采用高传动效率、高精度、无间隙的传动装置和运动部件，如滚珠丝杠螺母副、塑料滑动导轨、直线滚动导轨、静压导轨等。

5. 数控机床的辅助装置

辅助装置是保证充分发挥数控机床功能所必需的配套装置，常用的辅助装置包括：气动、液压装置，排屑装置，冷却、润滑装置，回转工作台和数控分度头，防护，照明等各种辅助装置。

（二）数控机床的分类

数控机床种类繁多，有钻、铣、镗床类，车削类，磨削类，电加工类，锻压类，激光加工类和其他特殊用途的专用机床等。

1. 按机床的运动轨迹分类

（1）点位控制数控系统　仅能控制刀具相对于工件的精确定位控制系统，而在相对运动的过程中不能进行任何加工．

（2）直线切削数控系统　不仅具上述功能，而且还能实现沿某一坐标轴或两轴等速的直线移动和加工的功能的控制系统。

（3）连续切削数控系统　能实现两轴或两轴以上的联动加工，即具有实现对曲线或曲面轮廓零件的加工能力控制系统。所谓联动，就是机床上各坐标轴的运动之间有着确定的函数关系，这个函数就是零件的轮廓曲线。

2. 按进给伺服系统的类型分类

(1) 开环数控系统　开环控制系统（如图 1-1）是没有位置反馈装置的进给控制系统，信息流为单向，机床的位置精度相对闭环要差一些，但结构简单，系统稳定，易于整定，价格便宜，驱动元件主要是步进电机。

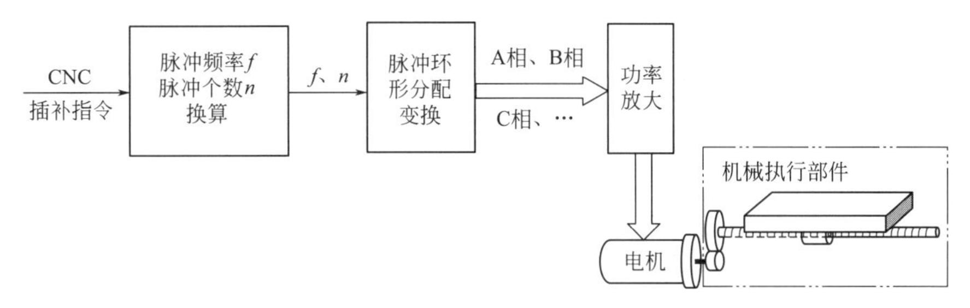

图 1-1　开环控制系统图

(2) 半闭环数控系统　半闭环控制系统（如图 1-2）与闭环系统相比，其位置反馈是从中间某个环节引入的，其结构，性能，精度均介于开环与闭环之间。

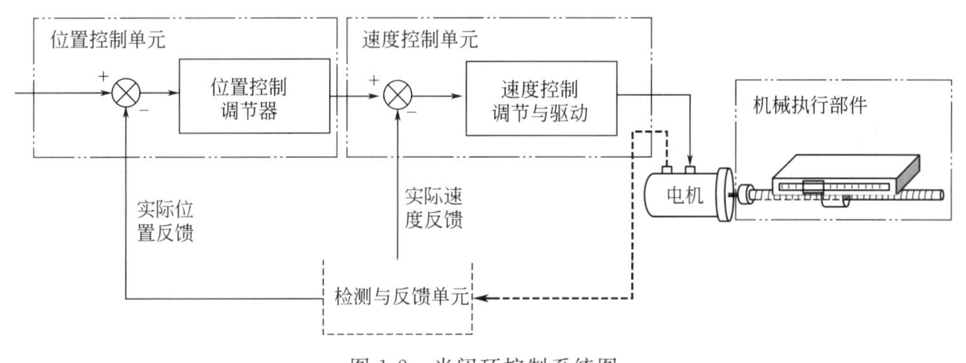

图 1-2　半闭环控制系统图

(3) 全闭环数控系统　闭环控制系统（如图 1-3）利用直接从执行部件上引入的位置反馈信息与来自数控装置的指令信息进行比较，利用比较的结果对执行部件实施控制，其控制精度较高，但调试比较复杂，多用于高精度的数控机床。

3. 按可控制坐标轴数分类

按照机床可连续控制的坐标轴数（可联动轴数），数控机床又叫分二轴联动、二轴半联动、三轴联动、四轴联动、五轴联动数控机床。

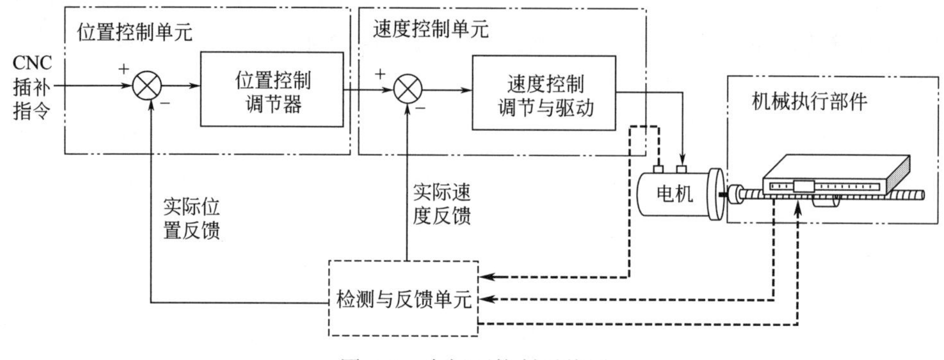

图 1-3　全闭环控制系统图

二轴联动：可同时控制 X、Y、Z 三轴中二轴联动，加工曲线柱面。

二轴半联动：指其中二轴联动，第三轴作周期进给，采用形切法加工三维空间曲面。

三轴联动：可同时控制 X、Y、Z 三轴联动，或控制 X、Y、Z 三轴中二轴联动再加控制某一直线坐标轴旋转的旋转坐标轴（A 轴、B 轴或 C 轴），可作三维立体加工。

四轴联动：可同时控制 X、Y、Z 三轴联动，加上控制一个旋转坐标轴（A 轴、B 轴或 C 轴）。

五轴联动：可同时控制 X、Y、Z 三轴联动，加上控制两个旋转坐标轴（A 轴、B 轴或 C 轴）。

任务实施

1. 器材准备

数控车床和数控铣床（加工中心）若干台。

2. 认识数控车床和数控铣床（加工中心）的各组成部分

按表 1-1 和表 1-2 所示填写数控机床各部分的名称、规格型号及作用。

表 1-1　数控车床

项目名称	规格型号	功能
机床型号		
主轴电机		

续表

项目名称	规格型号	功能
伺服电机		
CNC 装置		
伺服装置		
反馈检测装置		
机床本体		

表 1-2　数控铣床

项目名称	规格型号	功能
机床型号		
主轴电机		
伺服电机		
CNC 装置		
伺服装置		
反馈检测装置		
机床本体		

知识拓展——插补

实际加工中零件的轮廓形状是由各种线形（如直线、圆弧、螺旋线、抛物线、自由曲线）构成的。其中最主要的是直线和圆弧。用户在零件加工程序中，一般仅提供描述该线形所必需的相关参数，如对直线，提供其起点和终点；对圆弧，提供起点、终点、顺圆或逆圆以及圆心相对于起点的位置。为满足零件几何尺寸精度要求，必须在刀具（或工件）运动过程中实时计算出满足线形和进给速度要求的若干中间点（在起点和终点之间），这就是数控技术中插补（interpolation）的概念。据此可知，根据给定进给速度和给定轮廓线形的要求，在轮廓已知点之间，确定一些中间点的方法，这种方法称为插补。

插补计算就是对数控系统输入基本数据（如直线的起点和终点，圆弧的起点、终点、圆心坐标等），运用一定的算法进行计算，并根据计算结果向相应的坐标发出进给指令。对应每一进给指令，机床在相应的坐标方向移动一定的距离，从而将工件加工出所需的轮廓形状。实现这一插补运算的装置称为插补器。控制刀具或工件的运动轨迹是数控机床轮廓控制的核心，无论是硬件数控（NC）系统，还是计算机数控（CNC）系统，都有插补装置。在 CNC 中，以软件（即程序）插补或者以硬件和软件联合实现插补；而在 NC 中，则完全由硬件实现插补。无论哪种方式，其插补原理是相同的。

下面介绍逐点比较法插补（直线插补运算）。

1. 偏差判别

假设加工如图 1-4 所示的第一象限的直线 OA。取起点为坐标原点 O，直线终点坐标 $A(X_e, Y_e)$ 是已知的。$M(X_m, Y_m)$ 为加工点（动点），若 M 在 OA 直线上，则根据相似三角形的关系可得：

$$\frac{Y_m}{X_m}=\frac{Y_e}{X_e}$$

取 $F_m=Y_mX_e-X_mY_e$ 作为直线插补的偏差判别式。

若 M 点在 OA 直线上，$\frac{Y_m}{X_m}=\frac{Y_e}{X_e}$，则 $F_m=0$；

若 M 点在 OA 直线上方的 M' 处，$\frac{Y_m}{X_m}>\frac{Y_e}{X_e}$，则 $F_m>0$；

若 M 点在 OA 直线下方的 M'' 处，$\frac{Y_m}{X_m}<\frac{Y_e}{X_e}$，则 $F_m<0$。

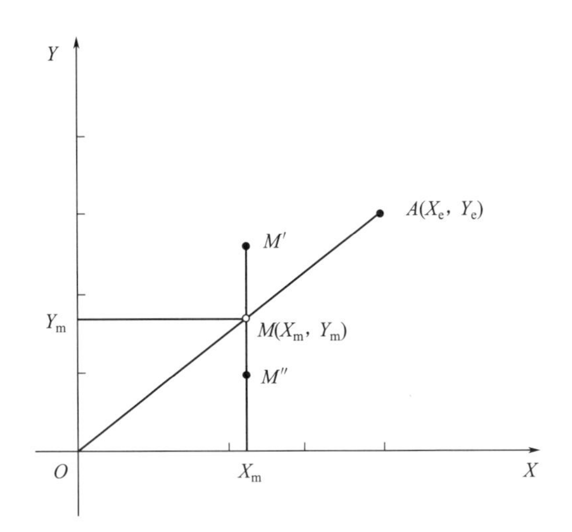

图 1-4　逐点比较法直线插补

2. 坐标进给

(1) $F_m=0$ 时，规定刀具向 $+X$ 方向前进一步；

(2) $F_m>0$ 时，控制刀具向 $+X$ 方向前进一步；

(3) $F_m<0$ 时，控制刀具向 $+Y$ 方向前进一步。

刀具每走一步后，将刀具新的坐标值代入函数式。

$F_m=Y_mX_e-X_mY_e$，求出新的 F_m 值，以确定下一步进给方向。

3. 偏差计算

设在某加工点处，有 $F_m\geqslant0$ 时，为了逼近给定轨迹，应沿 $+X$ 方向进给一步，走一步后新的坐标值为：　　$X_m+1=X_m+1$，$Y_m+1=Y_m$

新的偏差为：$F_m+1=Y_m+1$，X_e-X_m+1，$Y_e=F_m-Y_e$

若 $F_m<0$ 时，为了逼近给定轨迹，应向 $+Y$ 方向进给一步，走一步后新的坐标值为：

$$X_m+1=X_m,\ Y_m+1=Y_m+1$$

新的偏差为：　　$F_m+1=F_m+X_e$

4. 终点判别

逐点比较法的终点判断有多种方法，下面主要介绍两种。

第一种方法。设置 X、Y 两个减法计数器，加工开始前，在 X、Y 计数器中分别存入终点坐标 X_e、Y_e，在 X 坐标（或 Y 坐标）进给一步时，就在 X 计数器（或 Y 计数器）中减去 1，直到这两个计数器中的数都减到零时，便到达终点。

第二种方法。用一个终点计数器，寄存 X 和 Y 两个坐标，从起点到达终点的总步数 Σ；X、Y 坐标每进一步，Σ 减去 1，直到 Σ 为零时，就到了终点。

5. 不同象限的直线插补计算

上面讨论的为第一象限的直线插补计算方法，其他三个象限的直线插补计算法，可以用相同的原理获得，表 1-3 列出了四个象限的直线插补时的偏差计算公式和进给脉冲方向，计算时，公式中 X_e，Y_e 均用绝对值。

表 1-3　四个象限的直线插补计算

$F_m<0$，$+\Delta Y$　$F_m<0$，$+\Delta Y$
L_2　L_1
$F_m=0$，$-\Delta X$　$F_m=0$，$+\Delta X$
$F_m=0$，$-\Delta X$　$F_m=0$，$+\Delta X$
L_3　L_4
$F_m<0$，$-\Delta Y$　$F_m<0$，$-\Delta Y$

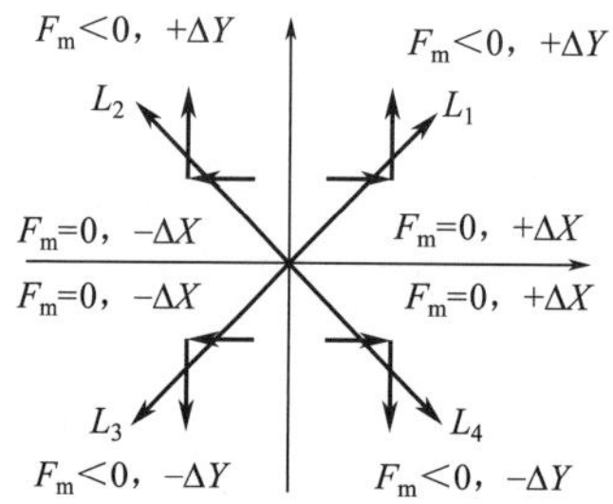

线型	$F_m>$时，进给方向	$F_m<0$ 时，进给方向	偏差计算公式
L_1	$+\Delta X$	$+\Delta Y$	$F_m>0$ 时：$F_{m+1}=F_m-Y_e$ $F_m<0$ 时：$F_{m+1}=F_m+X_e$
L_2	$-\Delta X$	$+\Delta Y$	
L_3	$-\Delta X$	$-\Delta Y$	
L_4	$+\Delta X$	$-\Delta Y$	

思考与练习

1）数控机床由哪几部分组成？

2）数控机床按运动方式可以分为几类？

3）试述数控机床的工作原理。

任务二　认识数控机床面板

任务描述

不同数控系统有不同的操作面板，通过对华中世纪星数控机床面板的学习，熟悉华中世纪星机床面板各个按键的作用，从而掌握数控机床的基本操作。

任务目标

1）了解华中数控机床操作面板各功能键的含义。

2）了解华中系统数控机床的基本操作。

知识准备

华中世纪星车削数控装置的操作面板如图1-5所示。

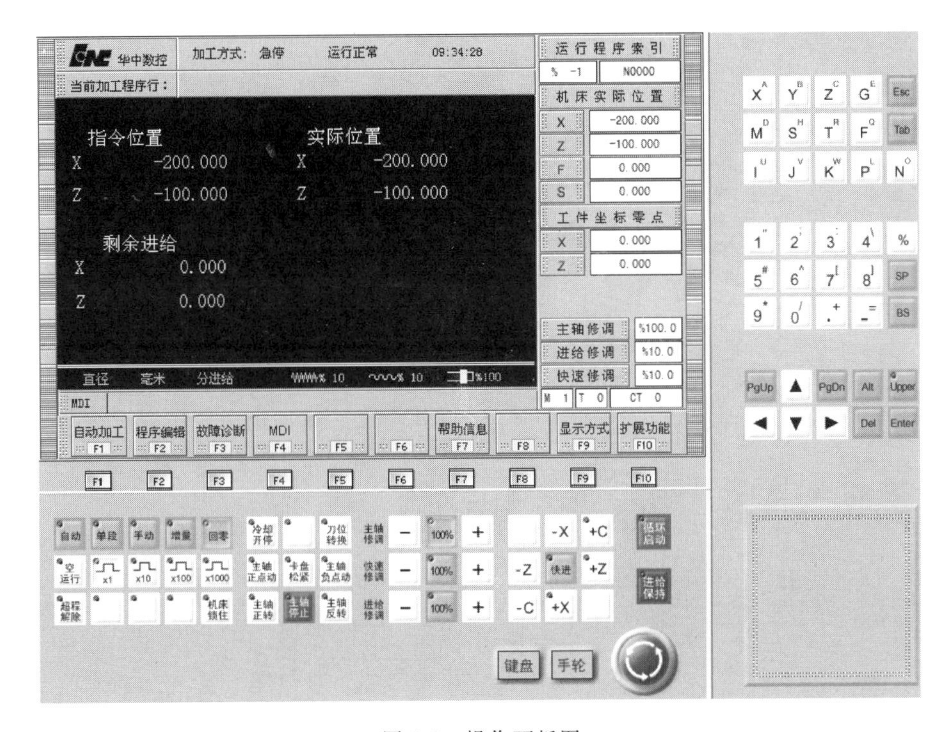

图 1-5　操作面板图

(一) 功能菜单

在显示器的下方有十个功能按键，从“F1”到“F10”（相当于FANUC系统中的软键），通过这十个功能按键，可完成对系统操作界面中菜单命令的操作，系统操作界面中菜单命令由主菜单和子菜单构成，所有主菜单和子菜单命令都能通过功能按键“F1”～“F10”来进行操作。

主菜单分别是：F1“自动加工”、F2“程序编辑”、F3“参数”、F4“MDI”、F5“PLC”、F6“故障诊断”、F7“设置毛坯大小”、F9“显示方式”。每一主菜单下分别有若干个子菜单。

(二) NC键盘

NC键盘用于零件程序的编制、参数输入、MDI及系统管理操作等，见图1-6。

“Esc”键：按此键可取消当前系统界面中的操作。

图 1-6 NC 键盘

“Tab”键：按此键可跳转到下一个选项。

“SP”键：按此键光标向后移并空一格。

“BS”键：按此键光标向前移并删除前面字符。

“Upper”键：上档键。按下此键后，上档功能有效，这时可输入“字母”键与“数字”键右上角的小字符。

“Enter”键：回车键，按此键可确认当前操作。

“Alt”键：替换键，也可与其他字母键可组成快捷键。

“DEL”键：按此键可删除当前字符。

“PgDn”键与“PgUp”键：向后翻页与向前翻页。

“▲”键、“▼”键、“◀”键与“▶”键：按这四个键可使光标上、下、左、右移动。

“字母”键、“数字”键和“符号”键：按这些键可输入字母、数字以及其他字符，其中一些字符需要配合“Upper”键才能被输入。

（三）机床控制面板

如图 1-7 所示。

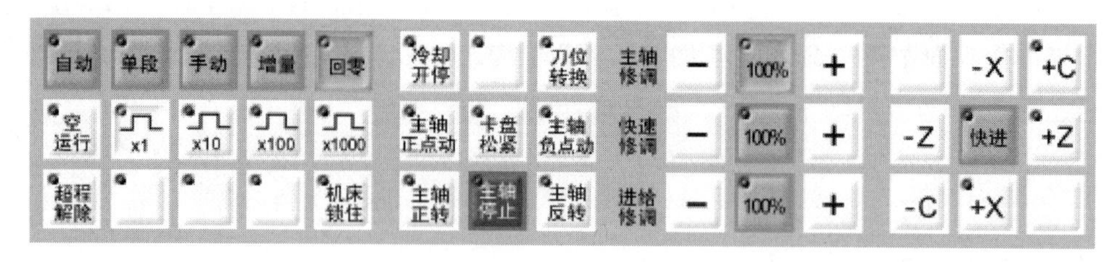

图 1-7 机床控制面板

1. 方式选择按键

方式选择按键的作用是把数控车床的操作方式进行了分类，在每一种操作方式下，只能进行相应的操作。方式选择按键共有五个，分别是“自动”操作方式、“单段”操作方式、“手动”操作方式、“增量”操作方式和“回零”操作方式。

（1）“自动”操作方式　按此键进入自动运行方式，在自动方式下可进行连续加工工件、模拟校验加工程序、在 MDI 模式下运行指令等操作。进入自动方式后在系统主菜单下按“F1”键进入“自动加工”子菜单，再按“F1”选择要运行的程序，然后按一下“循环启动”键自动加工开始。在自动运行过程中按一下“进给保持”键，程序暂停运行，进给轴减速停止，再按一下“循环启动”键，程序会继续运行。

（2）“单段”操作方式　在自动运行方式下按此键进入单程序段执行方式，这时按一下“循环启动”键只运行一个程序段。

（3）“手动”操作方式　按此键进入手动操作方式。在手动方式下通过机床操作键可进行手动换刀、移动机床各轴，手动松紧卡爪，伸缩尾座、主轴正反转，冷却开停，润滑开停等操作。

（4）“增量”操作方式　按此键进入增量/手轮进给方式。在增量方式下，按一下相应的坐标轴移动键或手轮摇一个刻度时，坐标轴将按设定好的增量值移动一个增量值。

（5）“回参考点”操作方式　按此键进入手动返回机床参考点方式。

2.“空运行”键

在自动方式下按一下“空运行”键，机床处于空运行状态，空运行状态下程序中的 F 指令被忽略，坐标轴以最大的快速移速度移动。空运行目的是校验程序的正确性，所以在实际切削时应关闭此功能，否则可能会造成危险。螺纹切削时空运行功能无效。

3.“超程解除”键

当发生超程报警时，这时“超程解除”键上的指示灯亮，系统处于紧急停止状态，这时应先松开急停按钮并把工作方式选择为手动或手轮方式，再按住“超程解除”键不放，手动把发生超程的坐标轴向相反方向退出超程状态，然后放开“超程解除”键，这时显示屏上运行状态栏显示为“运行正常”，超程状态解除。需要注意的是在移动坐标轴时要注意移动方向和移动速度，以免发生撞车事故。

4.“亮度调节”键

按此键可调节显示屏的亮度。

5.“机床锁住”键

在自动运行开始前，按下“机床锁住”键，进入机床锁住状态，在机床锁住状态运行程序时，显示屏上的坐标值发生变化，但坐标轴处于锁住状态因此不会移动。此功能用于校验程序的正确性。每次执行此功能后须再次进行回参考点操作。

6.“增量选择”键

在增量进给和手轮进给时，要进行增量值的设置，增量值的设置时通过“增量选择”键 x1 x10 x100 x1000 来完成的。

在增量进给时，增量值由“×1”、“×10”、“×100”和“×1000”四个增量倍率按键控制，分别对应的增量值为“0.001mm”、“0.01mm”、“0.1mm”和“1mm”。在手轮进给时，增量由“×1”、“×10”和“×100”三个增量倍率按键控制，分别对应的增量值为“0.001mm”、“0.01mm”和“0.1mm”。

7. 手动控制按键

手动控制按键共有8个，分别是“冷却开停”键、“刀位转换”键、“主轴正点动”键、“主轴负点动”键、“卡盘松紧”键、“主轴正转”键、“主轴停止”键以及“主轴反转”键。以上8个按键都需在手动方式下进行操作。

(1)“冷却开停”键　按此键可控制冷却液的开关。

(2)“刀位转换”键　按此键可使刀架转一个刀位，

(3)“主轴正点动”键　按此键可是主轴正向点动。

(4)“主轴负点动”键　按此键可是主轴反向点动。

(5)“卡盘松紧”键　按此键可控制卡盘的夹紧与松开。

(6)“主轴正转”键　按此键可使主轴正转。

(7)“主轴停止”键　按此键可使旋转的主轴停止转动。

(8)“主轴反转”键　按此键可使主轴反转。

8. 速率修调按键

速率修调按键分别是“主轴修调”、“快速修调”和“进给修调”。

(1)“主轴修调”键　在自动方式或MDI方式下，按“主轴修调”键可调整程序中指定的主轴速度，按下“100%”键主轴修调倍率被置为100%，按一下“+”键主轴修调倍率递增5%，按一下“-”键主轴修调倍率递减5%。在手动方式时这些按键可调节手动时的主轴速度。机械齿轮换挡时主轴速度不能修调。

(2)“快速修调”键　在自动方式或MDI方式下按“快速修调”键可调整

G00快速移动时的速度，按“100%”键快速修调倍率被置为100%，按一下“+”键快速修调倍率递增5%，按一下“−”键快速修调倍率递减5%。在手动连续进给方式下这些按键可调节手动快移速度。

(3)“进给修调”键　在自动方式或MDI方式下按“进给修调”键可调整程序中给定的进给速度，按“100%”键进给修调倍率被置为100%，按一下“+”键进给修调倍率递增5%，按一下“−”键进给修调倍率递减5%。在手动进给方式下这些按键可调节手动进给速度。

9.“坐标轴移动”键

(1)“−X”键　在手动方式下，按此键X轴向负方向运动。

(2)“+X”键　在手动方式下，按此键X轴向正方向运动。

(3)“−Z”键　在手动方式下，按此键Z轴向负方向运动。

(4)“+Z”键　在手动方式下，按此键Z轴向正方向运动。

(5)“快进”键　在手动方式下按此键后，再按坐标轴移动键，可使坐标轴快速移动。

(6)“−C”键和“+C”键　这两个键在车削中心上有效，用于手动进给C轴。

10.“循环启动”键和“进给保持”键

在自动方式或MDI方式下按下“循环启动”键可自动运行加工程序，按下“进给保持”键可使程序暂停运行。

11.“急停”按钮

紧急情况下按此按钮后数控系统进入急停状态，控制柜内的进给驱动电源被切断，此时机床的伺服进给及主轴运转停止工作。要想解除急停状态，可顺时针方向旋转按钮，按钮会自动跳起，数控系统进入复位状态，解除急停状态后，需要进行回零操作。在启动和退出系统之前应按下“急停”按钮以减少电流对系统的冲击。

(1)“程序”主菜单　按下“程序”主菜单键后，可进行包括G代码编辑、程序运行控制、程序断点运行操作、DNC文件传输及磁盘格式化等操作。

(2)“设置”主菜单　按下“设置”主菜单键后，可进行包括设定G54～G59坐标系、浮动零点设置，PLC和系统更新等操作。

(3)“MDI”主菜单　按下“MDI”主菜单键后，可进行手动指令的输入和运行。

(4)“刀补”主菜单　按下“刀补”主菜单键后，可进行包括刀具偏置值的设置、刀具补偿值的设置、磨损补偿值的设置等操作。

(5)“诊断”主菜单　按下“诊断”主菜单键后，可查看系统的工作状态、报警信息，诊断故障原因。

(6)“位置”主菜单　按下“位置”主菜单键后，可通过多种方式查看机床的运行状态，还可进行毛坯尺寸的设置。

(7)“参数”键　按下“参数”主菜单键后，可进行系统参数的修改、备份、载入及密码修改等操作。

任务实施

识读华中系统操作面板，填写表 1-4。

表 1-4　按钮功能图

按钮名称	功　能
急停按钮	
操作模式各按钮	
进给微调	
快速修调	
刀位转换	

知识拓展——安全文明生产

(1) 数控加工安全文明生产　安全文明生产是工厂管理的一项十分重要的内容，它直接影响着产品质量的好坏及设备的使用寿命。作为企业的后备技术工人，从开始学习数控车床的操作时就必须做到以下几点：

1) 操作前要戴好防护用品，穿工作服，袖口扎紧。女同志要戴工作帽，并把头发塞入帽内。夏季禁止穿裙子、短裤和凉鞋上机操作。操作中不准戴手套。

2) 不允许在卡盘及床身上敲击或校正工件，床头箱上不准放置工具或工件。

3) 在车削铸铁工件时，导轨上润滑油要擦去；使用冷却液后，要再次在导轨上涂润滑油。

4）机床开始加工前，应关上机床防护门。

5）加工过程中严禁两人或两人以上同时操作一台机床。

6）凡装夹工件、更换刀具、测量加工表面以及主轴变换速度时，必须先停机。停机时不准用手刹住转动的卡盘。车床开动时不准用手摸工件表面，特别是加工螺纹时，严禁用手摸螺纹面。

7）工件和车刀必须装夹牢固，工件装夹完毕后，应及时取下卡盘扳手，以防扳手在旋转中飞出发生事故。车削过程中清除切屑时应使用铁钩子，绝对不允许用手直接去拿，或用量具去勾。

8）每件工具都应放在规定的位置上，不可随便乱放。

9）爱护量具，经常保持量具的清洁。

（2）数控加工安全操作规程

1）开机前，检查各开关、按钮是否正常、灵活，机床有无异常现象。

2）按顺序开、关机，开机时，先开机床电源再开系统电源，关机时，先关系统电源再关机床电源。

3）机床上电时，CNC 装置尚未出现位置显示前，不能碰控制面板上的任何键，以免让机床处于非正常状态。参数都是机床出厂时厂家设置好的，通常不能修改。

4）开机后，应检查系统显示、机床润滑系统是否正常；开机预热机床 5 分钟后，进行零点回零操作。

5）各坐标轴手动回参考点，建立机床坐标系。回零时首先将 X 坐标轴手动回零，再使 Z 轴回零。如某轴在回零前已在零位，必须先沿该轴负方向移动一段距离后，再进行手动回零。

6）确定符合加工工艺要求的刀具系统，进行正确安装，并输入相应刀具补偿值。

7）装夹工件，确定对刀点和换刀点，通过对刀操作建立工件坐标系。

8）输入加工程序，应认真检查核对加工程序。可通过数控车床的图形加工模拟和空运行功能对程序进行校核。

9）手轮和手动操作时，必须检查各种开关所选的位置是否正确，弄清正负方向、轴移动方向、移动倍率，认准按键，然后再进行操作。

10）试加工时，快速倍率开关置于低档，切入工件后再加大倍率。首先应采用单段执行方式进行加工，这样可以及时处理突发情况，验证加工程序、对刀操作和刀具补偿的正确性，并在后续加工中作适当的调整。

11）在加工进行中，需细心观察加工情况，如果出现意外情况应及时按下“进给保持”、“复位”或“急停键”。

12）刀具重新磨刃或更换后，要重新进行对刀并修改刀具补偿值。加工时应使排屑装置畅通无阻，无卡塞。

（3）机床的清理与保养

1）在每天操作前要给机床加润滑油后方可工作。

2）每天工作结束后，应清除切屑，擦拭机床外表，保持内外洁净，无锈蚀，无油污，清理现场，保持地面清洁，使机床与环境保持清洁状态。

3）每天工作完毕后，对所有相对运动部位进行加油润滑，并在手动方式下，将各坐标轴进行往复运动后置于相应行程的中间偏正向位置。

4）刀具、量具、夹具等用完要归还，并按要求擦净、涂油。

5）清洁保养后，先按下急停开关，再关闭系统电源，最后关闭机床电源，在得到指导老师许可后方可离开。

6）检查润滑油、冷却液的状态，及时添加或更换。按规定定期对机床进行保养、维护。

思考与练习

1）熟练掌握各按钮的作用。

2）理解各操作模式的功能及操作。

项目二　数控车削加工技术

● 项目介绍

数控车削加工技术主要是介绍数控车床的基本操作，包括数控车床的对刀操作、台阶轴的加工、槽的加工、螺纹的加工以及成型面的加工等。通过相关指令的学习，掌握数控车削最基本的编程方法及加工技术。

● 知识目标

1）认识数控车床面板及相关操作方法。

2）掌握数控车床的基本编程指令及编程方法。

● 技能目标

1）掌握数控车床最基本的对刀操作以及工件和刀具的装夹等。

2）掌握台阶轴、螺纹及成型面的加工方法。

● 素质目标

1）通过规范操作，建立劳动保护与安全文明生产意识。

2）通过互动学习、理论实践一体化教学，调动学生学习的积极性与主动性。

任务一　数控车床基本操作

任务描述

掌握数控车床的基本操作，数控机床的开关机、工件的装夹、刀具的装夹以及对刀操作等。

任务目标

1）认识车刀及其种类。

2）掌握数控车床的基本操作。

知识准备

1. 认识车刀

车刀按其用途可分为外圆车刀、端面车刀、切断刀、内孔车刀、圆头车刀和螺纹车刀等。车刀的种类如图 2-1 所示。

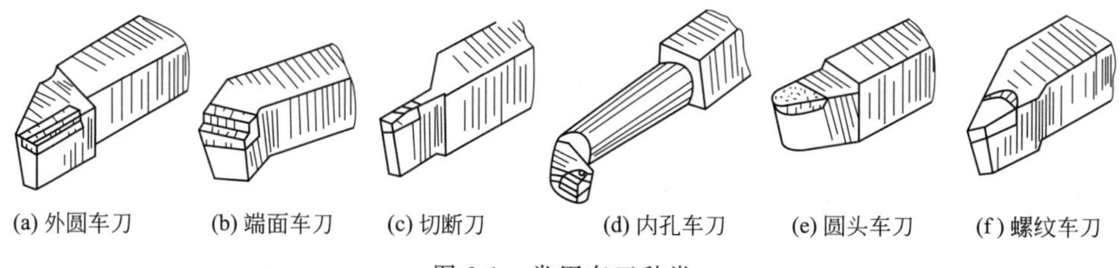

(a) 外圆车刀　(b) 端面车刀　(c) 切断刀　(d) 内孔车刀　(e) 圆头车刀　(f) 螺纹车刀

图 2-1　常用车刀种类

1）外圆车刀（90°车刀，又称偏刀）如图 2-1(a) 所示，用于车削工件外圆、台阶和端面。

2）端面车刀（45°车刀，又称弯头车刀）如图 2-1(b) 所示，用于切削外网、端面和倒角。

3）切断刀如图 2-1(c) 所示，用于切断工件或工件上车槽。

4）内孔车刀如图 2-1(d) 所示，用于车削工件的内孔。

5）圆头车刀如图 2-1(e) 所示，用于车削工件的圆弧面或成形面。

6）螺纹车刀如图 2-1(f) 所示，用于车削螺纹。

2. 数控车床的基本操作

（1）开机　开启机床总电源——拧开急停按钮。

（2）回零　因为机床在断电后就失去了对各坐标位置的记忆，所以在接通电源后，必须让各坐标值回零（返回参考点）。操作步骤为：将方式选择选钮置于回参考点位置，再分别按下“＋X”和“＋Z”，回零完毕时“X”与“Z”指示灯相应变亮，注意应先让 X 轴回零，再让 Z 轴回零。

（3）急停　机床运行过程中，在危险或紧急情况下，按下急停按钮，CNC 即进入急停状态，伺服进给及主轴运转立即停止工作（控制柜内的进给驱动电源被切断）。松开急停按钮（左旋此按钮，自动跳起），CNC 进入复位状态。解除紧急停止前，先确认故障原因是否排除，且紧急停止解除后应重新执行回参考点操作，以确保坐标位置的正确性。

注意：在上电和关机之前应按下急停按钮，以减少设备电冲击。

(4) 超程解除　在伺服轴行程的两端各有一个极限开关，作用是防止伺服机构碰撞而损坏。每当伺服机构碰到行程极限开关时，就会出现超程。当某轴出现超程（超程解除按键内指示灯亮时），系统视其状况为紧急停止，要退出超程状态时，必须：

1）松开急停按钮，置工作方式为手动或手摇方式；

2）一直按压着超程解除按键（控制器会暂时忽略超程的紧急情况）；

3）在手动（手摇）方式下，使该轴向相反方向退出超程状态；

4）松开超程解除按键。

若显示屏上运行状态栏“运行正常”取代了“出错”，表示恢复正常，可以继续操作。

注意：在操作机床退出超程状态时，请务必注意移动方向及移动速率，以免发生撞机。

(5) 关机

1）按下控制面板上的急停按钮，断开伺服电源；

2）断开数控电源；

3）断开机床电源。

(6) 工件坐标系的建立（对刀）　试切法对刀的步骤如下：

1）用三爪自定心卡盘装夹毛坯，将百分表固定在工作台面上，触头垂直压在圆柱表面，手动转动卡盘，根据百分表读数用铜棒轻敲工件进行找正，当主轴再次旋转的过程中，百分表读数不变时夹紧固定。

2）在1#刀位安装90°右偏刀，注意主偏角为93°左右，刀尖高度与回转轴线等高。

3）开启主轴，转速在300r/min左右。

4）切换至手动模式。将1#刀位置于当前位置。

5）切换为手摇模式。

6）车端面，保持Z方向不动将车刀沿+X方向退刀，如图2-2所示。

7）沿路径“设置/刀偏表”打开刀偏设置界面如图2-3所示。光标移动至刀号001#的试切长度坐标处，键入“Z0”，再按下“enter”键。

8）车外圆，保持X方向不动将车刀沿+Z方向退刀，如图2-2右图所示。

9）停车，用千分尺测量出所车外圆的直径X值。

10）沿路径“设置/刀偏表”打开刀偏设置界面，将光标移动至刀号001#

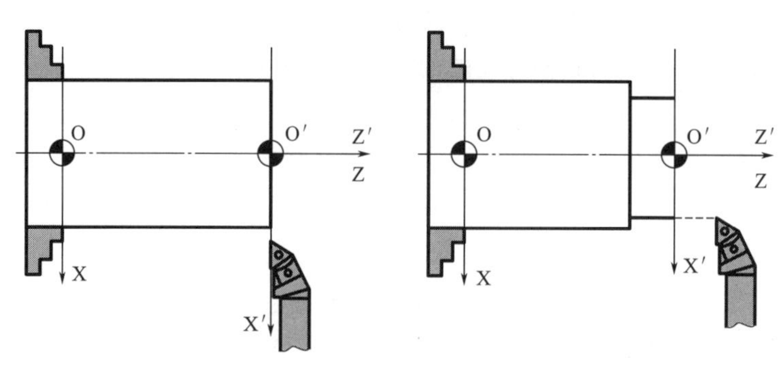

图 2-2 对刀操作示意图

刀偏表:

刀偏号	X偏置	Z偏置	X磨损	Z磨损	试切直径	试切长度
#0001	0.000	0.000	0.000	0.000	0.000	0.000
#0002	0.000	0.000	0.000	0.000	0.000	0.000
#0003	0.000	0.000	0.000	0.000	0.000	0.000
#0004	0.000	0.000	0.000	0.000	0.000	0.000
#0005	0.000	0.000	0.000	0.000	0.000	0.000
#0006	0.000	0.000	0.000	0.000	0.000	0.000
#0007	0.000	0.000	0.000	0.000	0.000	0.000
#0008	0.000	0.000	0.000	0.000	0.000	0.000
#0009	0.000	0.000	0.000	0.000	0.000	0.000
#0010	0.000	0.000	0.000	0.000	0.000	0.000
#0011	0.000	0.000	0.000	0.000	0.000	0.000
#0012	0.000	0.000	0.000	0.000	0.000	0.000
#0013	0.000	0.000	0.000	0.000	0.000	0.000

MDI:

图 2-3 刀偏设置界面图

的试切直径坐标处，键入“X 值”，再按下“enter”键。

11）验证对刀，在 MDI 模式下，输入“M03S500，G01X50Z50F0.3”按“循环启动”键，看刀架能否准确定位至坐标 X50Z50 处，如果能，则说明对刀正确，否则，不正确，需要重新查找原因，重新对刀。

3. 程序输入与文件管理

在软件操作界面下按 F2 键进入编辑功能子菜单，在编辑功能子菜单下，可以对零件程序进行编辑、存储与传递，以及对文件进行管理。

（1）选择编辑程序　在编辑功能子菜单下，按 F2 键，将弹出选择编辑程序菜单，其中：

1）磁盘程序，保存在电子盘、硬盘、软盘或网络路径上的文件。

2）正在加工的程序，当前已经选择存放在加工缓冲区的一个加工程序。

（2）程序编辑　编辑当前程序，当编辑器获得一个零件程序后，就可以编辑当前程序了。但在编辑过程中退出编辑模式后再返回到编辑模式时，如果零件程序不处于编辑状态，可在编辑功能子菜单下按 F3 键进入编辑状态。

编辑过程中用到的主要快捷键如下。

Del：删除光标后的一个字符，光标位置不变，余下的字符左移一个字符位置。

Pgup/ Pgdown：使编辑程序向程序头/程序末滚动一屏，光标位置不变，如果到了程序头，则光标移到文件首行的第一个字符。

BS：删除光标前的一个字符，光标向前移动一个字符位置，余下的字符左移一个字符位置。

方向键：四个方向键可以分别使光标左移、右移、上移、下移一行。在编辑状态下，按 F6 键将删除光标所在的程序行。

（3）程序存储　在编辑状态下按 F4 键可对当前编辑程序进行存盘。

（4）程序校验　程序校验用于对调入加工缓冲区的零件程序进行校验，并提示可能的错误。以前未在机床上运行的新程序在调入后最好先进行校验运行，正确无误后再启动自动运行。

程序校验运行的操作步骤如下：

1）调入要校验的加工程序；

2）按机床控制面板上的“自动”按键进入程序运行方式；

3）在程序运行子菜单下，按 F3 键，此时软件操作界面的工作方式显示改为“校验运行”；

4）按机床控制面板上的“循环启动”按键程序校验开始；

5）若程序正确，校验完后，光标将返回到程序头，且软件操作界面的工作方式显示改回为“自动”；若程序有错，命令行将提示程序的哪一行有错。

注意：

1）校验运行时，机床不动作；

2）为确保加工程序正确无误，请选择不同的图形显示方式来观察校验运行的结果。

(5) 程序运行　在主界面下按 F1 键，进入程序运行子菜单。在程序运行子菜单下可以装入检验并自动运行一个零件程序。

1) 启动自动运行　系统调入零件加工程序，经校验无误后，可正式启动运行：

① 按一下机床控制面板上的“自动”按键（指示灯亮），进入程序运行方式；

② 按一下机床控制面板上的“循环启动”按键（指示灯亮），机床开始自动运行调入的零件加工程序。

2) 单段运行　按一下机床控制面板上的“单段”按键（指示灯亮），系统处于单段自动运行方式，程序控制将逐段执行：

① 按一下“循环启动”按键，运行一程序段，机床运动轴减速停止，刀具、主轴电机停止运行；

② 再按一下“循环启动”按键，又执行下一程序段，执行完了后又再次停止。

(6) 运行时干预

1) 进给速度修调　在自动方式或 MDI 运行方式下，当 F 代码编程的进给速度偏高或偏低时，可用进给修调右侧的“100%”和“＋”、“－”按键修调程序中编制的进给速度。按压“100%”按键“指示灯亮”进，给修调倍率被置为 100%，按一下“＋”按键，进给修调倍率递增 10%，按一下“－”按键，进给修调倍率递减 10%。

2) 快移速度修调　在自动方式或 MDI 运行方式下，可用快速修调右侧的“100%”和“＋”、“－”按键，修调 G00 快速移动时系统参数“最高快移速度”设置的速度。按压“100%”按键（指示灯亮），快速修调倍率被置为 100%，按一下“＋”按键，快速修调倍率递增 10%，按一下“－”按键快速修调倍率递减 10%。

3) 主轴修调　在自动方式或 MDI 运行方式下，当 S 代码编程的主轴速度偏高或偏低时，可用主轴修调右侧的“100%”和“＋”、“－”按键修调程序中编制的主轴速度。按压“100%”按键（指示灯亮），主轴修调倍率被置为 100%，按一下“＋”按键主轴修调倍率递增 10%，按一下“－”按键，主轴修调倍率递减 10%。

任务实施

理解对刀操作，并填写表 2-1。

表 2-1　对刀操作

序号	操　　作
回参考点	
转动主轴	
对 Z 轴	
对 X 轴	
验证对刀	

知识拓展——工件及刀具装夹

1. 装夹工件

(1) 三爪自定心卡盘装夹　三爪自定心卡盘的三个卡爪是同步运动的，能自动定心，一般不需找正。但应保证工件轴线与车床主轴轴线在同一条直线上。当加工的工件精度要求较高时，也需找正。

用三爪自定心卡盘装夹精加工过的表面时，被夹住的工件表面应包一层铜皮，以免夹伤工件表面。装夹直径较大的工件应用反爪装夹。

三爪自定心卡盘装夹工件具有方便、省时、自动定心等优点，但只适用于装夹外形规则、长度较短的工件。

(2) 四爪卡盘装夹　装夹不规则的工件可使用四爪卡盘。四爪卡盘的四个爪是独立的，因此工件装夹必须找正。

(3) 一夹一顶装夹　车削较长工件时，常用卡盘和顶尖装夹工件，这种方法比较安全，安装刚性好，轴向定位准确，应用较广泛。

(4) 两顶尖装夹　对于长度尺寸较大或加工工序较多的轴类工件要用两顶尖装夹，两顶尖装夹工件方便，不需找正，装夹精度高，但需先在工件两端钻出中心孔。工件一般不能由顶尖直接带动旋转，必须通过拨盘和鸡心夹头带动工件旋转。

2. 注意事项

(1) 工件要装正（目测）。

(2) 夹紧力足够，保证加工时能抵抗切削力。

(3) 工件伸出卡盘长度应大于工件总长至少 10mm，留出加工的位置，但也不能太长，伸出长度越长刚性越差。有切断要求的要再加上切断位置尺寸。

(4) 装夹完工件切记把卡盘扳手随手拿走。

3. 安装刀具

1) 车刀安装在刀架上，伸出部分不宜太长，一般为刀杆高度的 1.5 倍左右。伸出过长会使刀杆刚性差，易产生振动。

2) 刀杆中心线应与进给方向垂直。否则会使实际前角和副偏角的数值发生变化。

3) 车刀刀尖一般应与轴线等高，否则会使实际前角和实际后角发生变化，使切削不能顺利进行。可用钢板尺测量刀尖到机床导轨的高度保证其等于导轨到车床主轴线的中心高。也可利用尾座顶尖的高度安装车刀，使车刀和顶尖中心等高。

思考与练习

理解并掌握对刀步骤，最后验证。

任务二　台阶轴编程与加工

任务描述

掌握数控车床台阶轴的编程指令、编程方法及加工等。如图 2-4 所示台阶轴

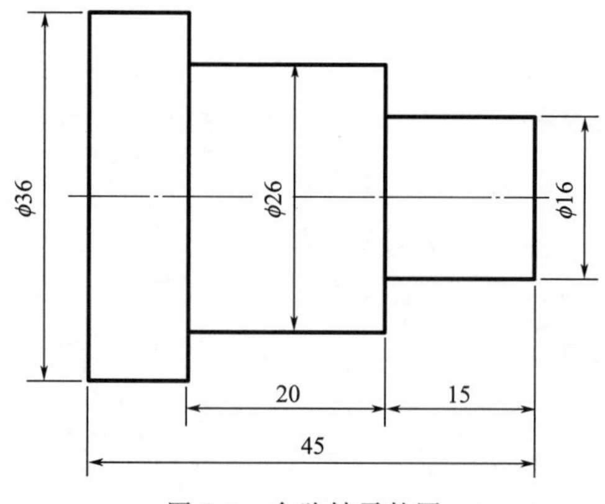

图 2-4　台阶轴零件图

零件图，根据图纸尺寸要求，试分析零件加工工艺，并编写数控加工程序。

任务目标

1）掌握指令 G00、G01、G80 的编程方法。

2）掌握台阶轴的编程及加工。

知识准备

1. 指令 G00、G01、G80

（1）快速定位指令 G00　指令格式：G00 X(U) Z(W)

说明：X、Z 为刀位点移动的终点的绝对坐标；例：如图 2-5 所示 G00 X50Z6。

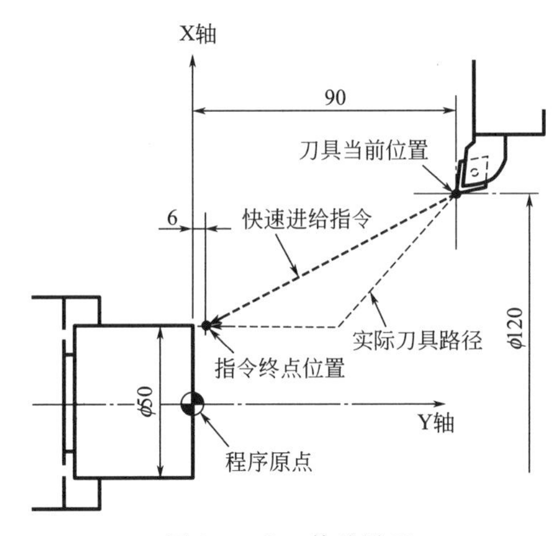

图 2-5　G00 快速进刀

（2）直线插补指令 G01　指令格式：GO1 X(U) Z(W) F

说明：X、Z 为刀位点移动的终点的绝对坐标；F 为进给速度，单位：mm/r，例：如图 2-6 所示，GO1X 60Z-80F0.3；

（3）外圆柱单一循环指令 G80　指令格式：G80X(U) Z(W) F

说明：X、Z 为刀位点移动的终点的绝对坐标；F 为进给速度，单位：mm/r。G80 加工路径示意图如图 2-7 所示。

（4）F 功能　进给功能通常有两种形式：一种是刀具每分钟的进给量，单位是 mm/min；另一种是主轴每转的进给量，单位是 mm/r。华中世纪星系统通过 G95 指令设定机床为每分钟进给，通过 G94 指令设定机床为每转进给。数控车床一般用后者，数控铣床一般用前者。

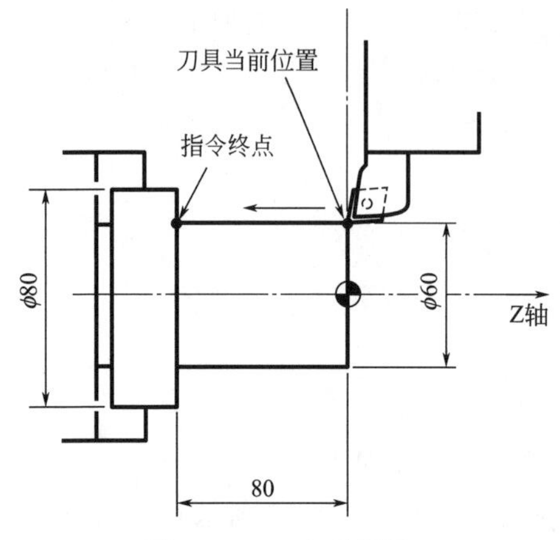

图 2-6 G01 切外圆柱

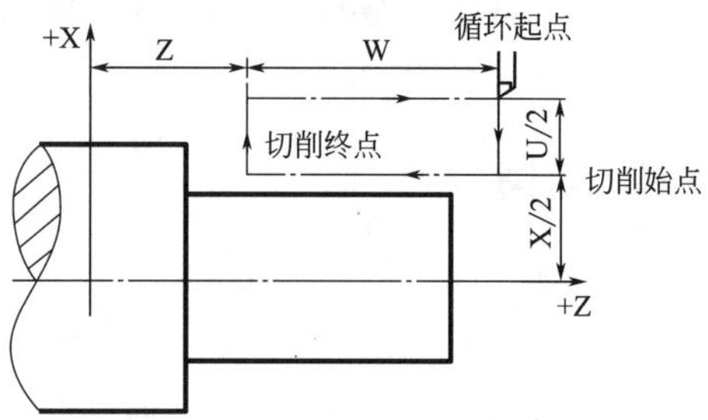

图 2-7 G80 加工路径示意图

(5) S 功能 主轴转速功能用于设定主轴的转速，单位是 r/min。

(6) T 功能 刀具功能一方面用于更换当前刀具，另一方面也调用相应刀具的几何补偿。

T0101 表示选择 1＃刀具，调用刀号 01 的几何补偿。

(7) 辅助功能 M03——主轴正转。M04——主轴反转。M05——主轴停止。

(8) 程序结束 M02 程序结束，主轴停止，进给停止，冷却液关闭。M30 程序结束，主轴停止，进给停止，冷却液关闭，返回程序起点。

2. 台阶轴编程与加工

(1) 车刀的选用及安装 粗车外圆时可用 75°强力车刀；45°弯头车刀用于车外圆、端面和倒角；90°偏刀用于车外圆或有垂直台阶的外圆。车刀安装时要装夹牢固，刀尖与工件轴线要等高。

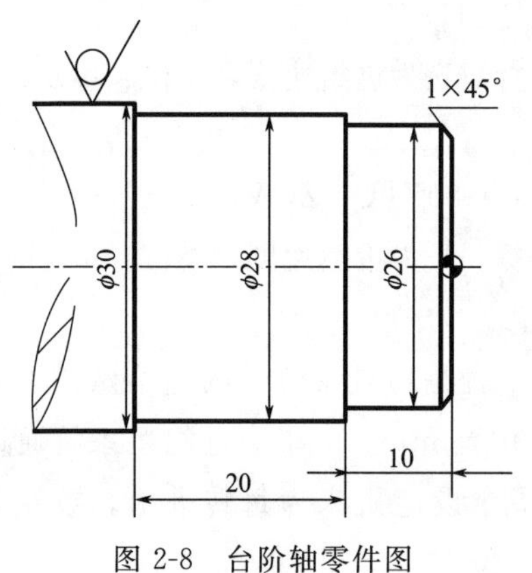

图 2-8 台阶轴零件图

车台阶通常先用 75°强力车刀粗车外圆，切除台阶的大部分余量，留 0.5～1mm 余量。然后用 90°偏刀精车外圆、台阶。

(2) 加工实例 如图 2-8 所示零件图，毛坯为 ϕ30 × 50mm 的塑料棒，材料：塑料。

1) 图形的分析 此工件简称为轴头，加工数量仅 1 个，所需加工内容为 ϕ26 和 ϕ28 的外圆，且没有公差要求，料长

50mm，没有其他特殊要求。

2）装卡方式的确定　加工件的毛坯相对较长，加工长度较短，且未要求同轴，即可采用三爪卡盘装卡，要求伸出卡盘长度为35mm左右即可，装卡要紧。

3）刀具的选择　刀具的选择标准为能够满足加工刀尖角越大越好。所以刀具的选择上要根据零件来定。此零件需要加工端面，且有垂直的台阶，故选择的刀具要满足这两个部位切削的要求。选主偏角为93°的外圆车刀，刀杆厚度20mm。

4）加工参数的确定

① 背吃刀量：根据刀片的选择不同，背吃刀量也不一样，背吃刀量按推荐值为1.0～5.0mm，经济的吃刀深度为2.5mm，粗车时选择背吃刀量2.5mm，精车由于数控刀具刀尖圆弧不同，可选择背吃刀量为1mm。学生初次练习时，考虑到安全因素，所以选择吃刀量为2mm。

② 转速：根据刀片的断屑槽与材质的不同，切削速度选择不一样，根据公式$V_c=\pi D_n/1000$计算（V_c为切削速度，D_n为工件直径），学生练习时选用500r/min。

③ 进给量：根据刀片不同，选择此刀片F一般在0.10～0.50mm/r左右，此件一次加工成型，考虑表面粗糙度及刀片的强度，选择F=0.15mm/r，学生练习时可以选择F=0.3mm/r。

5）程序的编制　华中系统程序号的书写格式为％＊＊＊＊，其中％为地址，其后为四位数字组成。保存时的文件名格式为O加四位数字组成。参考程序如表2-2所示。

表2-2　加工程序单

使作指令G01指令编程	备注	使作指令G80指令编程	备注
％0001		％0002	
G95M03S500 TO1O1 G00X50Z50 Z3 G01X28 Z-30 X35 Z3 X26 Z-10 X35 G00100Z100 M05 M30		G95M03S500 TO1O1 G00X50Z50 Z3 G80X28Z-30 X26Z-10 G00100Z100 M05 M30	

任务实施

如图 2-4 所示零件图，分析零件加工工艺，并编写数控加工程序，填写表 2-3。

表 2-3　加工程序单

使作指令 G01 指令编程	备注	使作指令 G80 指令编程	备注

知识拓展——外锥车削单一循环指令G80

指令格式：G80 X(U)__ Z(W)__ I __ F __

说明：X、Z 为刀位点移动的终点的绝对坐标；F 为进给速度，单位：mm/r。I 为切削始点 B 与切削终点 C 的半径差；当算术值为正值时，I 为正，相反则为负。G80 外锥循环加工路线如图 2-9 所示。

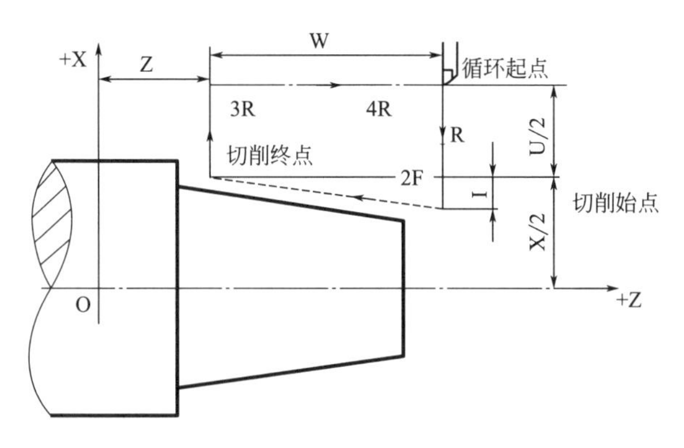

图 2-9　G80 外锥循环加工路线

思考与练习

1）分析图 2-10 零件图加工工艺并编写数控加工程序。

2）分析图 2-11 零件图加工工艺并编写数控加工程序。

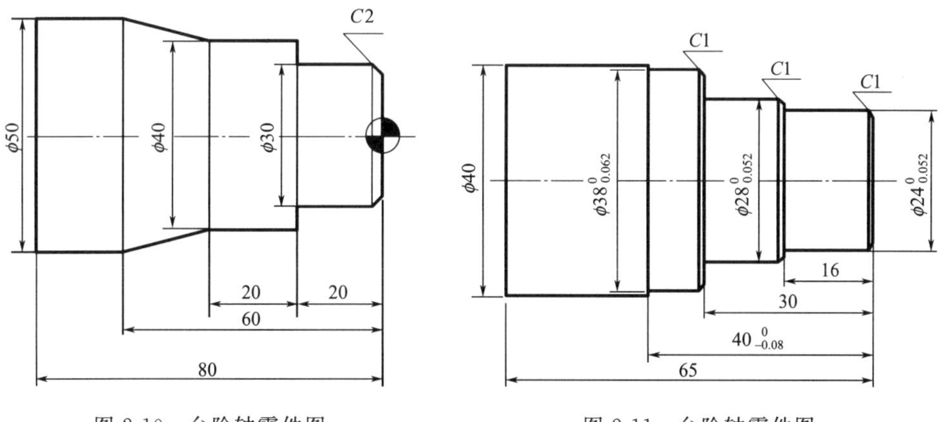

图 2-10　台阶轴零件图

图 2-11　台阶轴零件图

任务三 圆弧面编程与加工

任务描述

掌握数控车床圆弧面的编程指令、编程方法及加工等。如图 2-12 所示机床手柄零件图，根据图纸尺寸要求，试分析零件加工工艺，并编写数控加工程序。

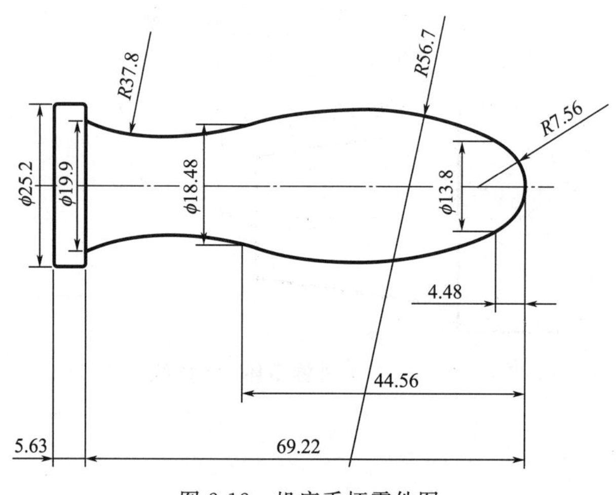

图 2-12 机床手柄零件图

任务目标

1）掌握指令 G02、G03 的编程方法。

2）掌握圆弧面的编程及加工。

知识准备

1. 圆弧指令

格式：G02 X(U)__ Z(W)__ R__ F__或 G02 X(U)__ Z(W)__ I__ K__ F__

G03 X(U)__ Z(W) __ R__ F__或 G03 X(U)__ Z(W)__ I__ K__ F__

说明：

1）G02 圆弧顺时针方向插补指令，G03 圆弧逆时针方向插补指令。

2）X、Z：绝对编程，为圆弧终点在工件坐标系的坐标。

3）U、W：增量编程，为圆弧终点相对圆弧起点的增量坐标。

4）I、K：为圆心在 X、Z 轴上相对于圆弧起点的增量值，直径编程时 I 值为圆心相对于圆弧起点的增量值的 2 倍。当 I、K 值与坐标轴方向相反时，I、K 值为负值。

5）R：圆弧半径，圆心角≤180°时 R 为正，圆心角＞180°时 R 为负。

6）F：两个坐标轴的合成进给速度。

7）同时编入 R 与 I、K 时，R 有效。用 R 不能加工整圆，用 I、K 可加工任意圆弧（包括整圆）。

第一种格式为半径编程；第二种格式为圆心编程。G02 为按指定进给速度的顺时针圆弧插补。G03 为按指定进给速度的逆时针圆弧插补。

2. 圆弧顺逆方向的判别

沿着第三坐标轴，由正方向向负方向看，顺时针方向 G02，逆时针方向 G03，如图 2-13 所示。

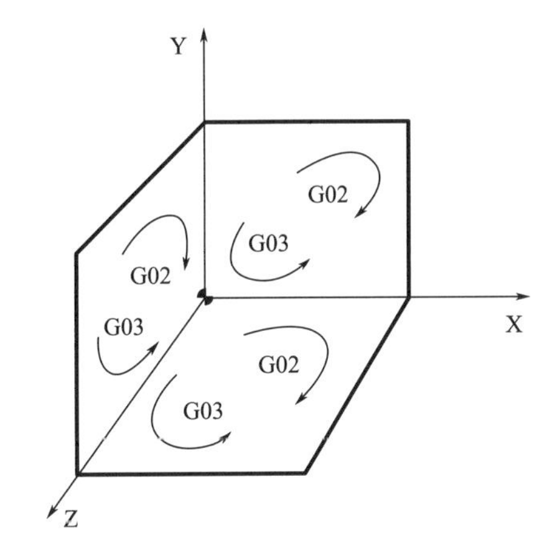

图 2-13 圆弧方向判断

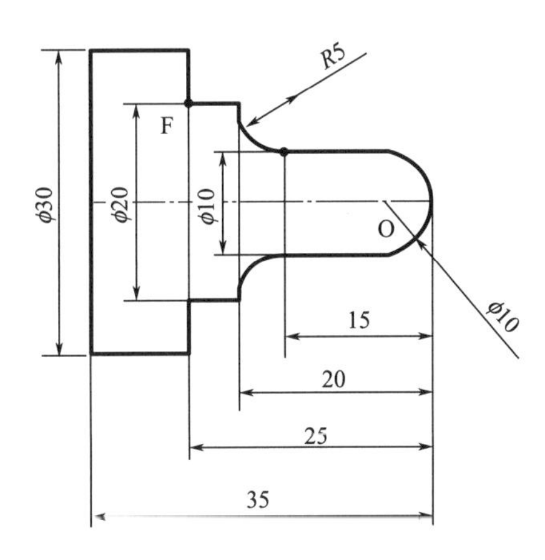

图 2-14 轴头零件图

3. 程序加工示例

如轴头零件图 2-14 所示，分析其加工工艺，加工路线如图 2-15 所示，确定加工路线：A→B→O→C→D→E→F→G→A。

4. 计算各基点坐标

A 点坐标（60，50）；B 点坐标（0，5）；O 点坐标（0，0）；C 点坐标（10，－5）；D 点坐（10，－15）；E 点坐标（20，－20）；F 点坐标（20，－25）；G 点坐标（30，－25）。

参考加工程序见表 2-4。

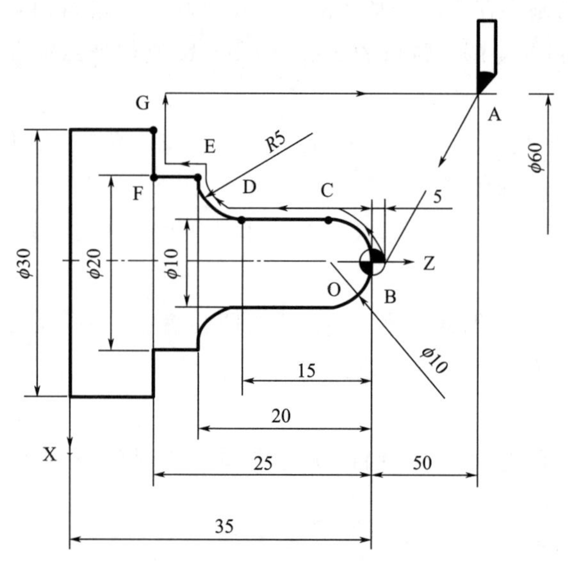

图 2-15　加工路线图

表 2-4　参考加工程序

程　　序	备　　注
%0001	程序号
N10　M03S300	主轴正转
N20 T0101	调用 1 号外圆刀
N30　G00X60.0Z50.0	刀具快速定位到 A 点
N40　G00X0.Z5.0	由 A 点快速定位于 B 点
N50　G01X0.Z0.F100	由 B 点插补到 O 点
N60　G03X10.0Z-5.0R5.0	由 O 点圆弧插补到 C 点
N70　G01X10.0Z-15.0	由 C 点直线插补到 D 点
N80　G03X20.0Z-20.0R5.0	由 D 点圆弧插补到 E 点
N90　G01X20.0Z-25.0	由 E 点直线插补到 F 点
N100 G01X30.0Z-25.0	由 F 点直线插补到 G 点
N110 G00X60.0Z50.0	由 G 点快速退回到换刀点 A
N130 M05	主轴停转
N140 M30	程序结束

任务实施

零件图如图 2-12 所示，分析其加工工艺，并编写相关数控加工程序，填写表 2-5。

表 2-5 加工程序表

程 序	备 注
%0001	程序号

知识拓展——刀具补偿

在数控车床加工中，车刀是基本的必备加工工具。为了能使加工的零件获得较好的表面粗糙度，希望车刀的刀尖越尖越好，虽然在刃磨车刀时能获得较尖的刀尖，但是一般车刀均有刀尖半径。如果刀尖过于尖锐，那么必定会影响刀头的强度，也会因刀头的散热面积减少加剧刀尖的磨损。所以在机夹刀具中，一般的刀片均会制成带有 R 角的刀片（一般情况下为 0.2～0.8mm）。

车外径或端面时，刀尖圆弧大小并不起作用，但用于车倒角、锥面或圆弧时，则会影响精度，因此在编制数控车削程序，必须给予考虑。

刀尖半径和假想刀尖：假想刀尖的位置与尖头刀的刀尖点相当。假想刀尖实际上不存在。但由于刀尖半径 R 存在，所以在加工倒角、锥面和圆弧时容量造成过切削及欠切现象。用手动方法计算刀尖半径补偿值时，必须在编程时将补偿量加入程序中，一旦刀尖半径值变化时，就需要改动程序，这样很繁琐，刀尖半径 R 补偿功能可以利用数控装置自动计算补偿值，生成刀具路径。

刀尖半径补偿模式的设定（G40、G41、G42 指令）如下。

（1）G40（取消刀具半径补偿） 取消刀尖半径补偿，应写在程序开始的第一个程序段及取消刀具半径补偿的程序段，取消 G41、G42 指令。如：G40 G97 G99 S400 M03 T0101 F0.25；下划线所指代码的含义是：取消刀具半径补偿、取消恒定线速度、每转进给，也可以省略，安全情况下最好写出。

（2）刀具半径补偿 G41、G42 从第三轴的正向往负向看，沿着与刀具移动路径一致的方向，刀具在工件的左侧，则为左补偿 G41；刀具在工件的右侧，则为右补偿 G42；如图 2-16 所示。T 指令要与刀具补偿编号相对应，并且输入假想刀尖位置序号。假想刀尖位置序号共有 10 个，如图 2-17 所示在刀具补偿设定界面（见图 2-18）中第一列为刀具补偿编号；第二列为刀具半径补偿量；第三

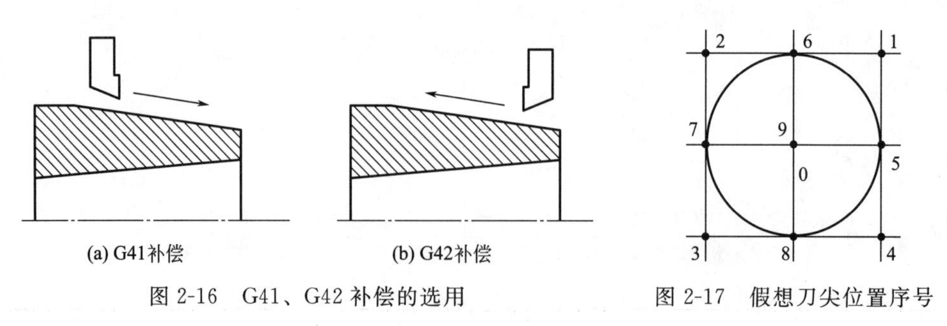

图 2-16 G41、G42 补偿的选用

图 2-17 假想刀尖位置序号

列为假想刀尖编号。例如在调用刀具时书写：T0101，其是T指刀具功能，第一个01是指刀具编号，第二个01是指刀具补偿编号；而在选择刀具刀尖半径补偿G41和G42就是直接调用刀具补偿设定界面的第二列R半径补偿。

刀补表：

刀补号	半径	刀尖方位
#0001	0.000	0
#0002	0.000	0
#0003	0.000	0
#0004	0.000	0
#0005	0.000	0
#0006	0.000	0
#0007	0.000	0
#0008	0.000	0
#0009	0.000	0
#0010	0.000	0
#0011	0.000	0
#0012	0.000	0
#0013	0.000	0

直径　毫米　分进给　WWW%100　~~~%100　□▮□%0

MDI:

图 2-18　刀具补偿设定界面

（3）刀尖半径补偿注意事项

1）G41、G42指令不能与圆弧切削指令写在同一个程序段，可以与G00和G01指令写在同一个程序段内，在这个程序段的下一个程序段点位置，与程序中刀具路径垂直的方向线过刀尖圆心。

2）必须用G40指令取消刀尖半径补偿，在指定G40程序段的前一个程序段的终点位置，与程序中刀具路径垂直的方向线过刀尖圆心。

3）在使用G41或G42指令模式中，不允许有两个连续的非移动指令，否则刀具在前面程序段终点的垂直位置停止，且产生过切或欠切现象。

4）在加工比刀尖半径小的圆弧内侧时，产生报警。

思考与练习

1）分析图2-19零件图加工工艺并编写数控加工程序。

2）分析图2-20零件图加工工艺并编写数控加工程序。

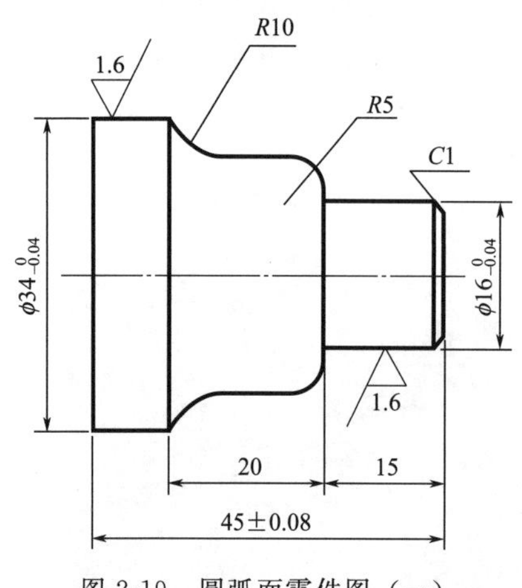

图 2-19　圆弧面零件图（一）

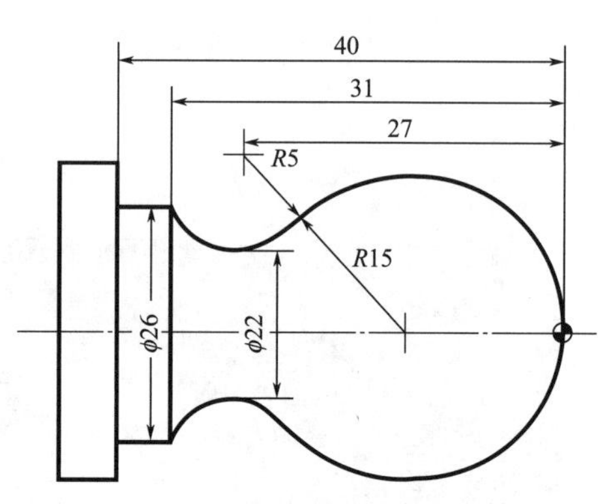

图 2-20　圆弧面零件图（二）

任务四　槽和螺纹编程与加工

任务描述

掌握数控车床槽的螺纹的编程指令、编程方法及加工等。如图 2-21 所示螺纹零件图，根据图纸尺寸要求，试分析零件加工工艺，并编写数控加工程序。

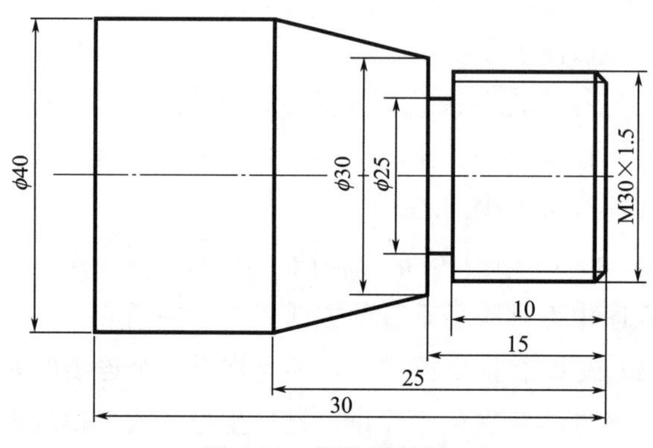

图 2-21　螺纹零件图

任务目标

1）掌握指令 G04、G32、G82 的编程方法。

2）掌握槽的螺纹的编程及加工。

知识准备

1. G04 指令

指令格式：G04 P

说明：P 为暂停时间，单位为 s。

G04 在前一程序段的进给速度降到零之后才开始暂停动作。在执行含 G04 指令的程序段时，先执行暂停功能。G04 为非模态指令，仅在其被规定的程序段中有效。G04 指令可使刀具作短暂停留，以获得圆整而光滑的表面。该指令除用于切槽、钻镗孔外，还可用于拐角轨迹控制。

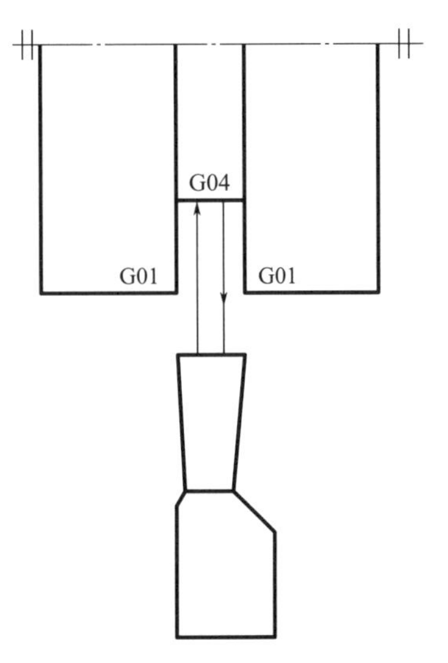

图 2-22　窄槽加工示意图

(1) 窄槽的加工　可采用与槽等宽的刀具直接切入一次成型的方法加工。刀具切入到槽底后可利用延时指令使刀具暂时停留，以修整槽底圆度，退刀时可采用工进速度，具体切槽方式如图 2-22 所示。

(2) 宽槽的加工　通常大于一个切断刀宽度的槽称为宽槽，宽槽的宽度、深度等精度要求及表面粗糙度要求相对较高。在切削宽槽时常采用排刀的方式进行粗切，每次车削轨迹在宽度上应略有重叠，并要留精加工余量，然后用精切槽刀沿槽的一侧切削至槽底，精加工槽底至槽的另一侧，再沿侧面退出，具体切槽方式如图 2-23 所示。

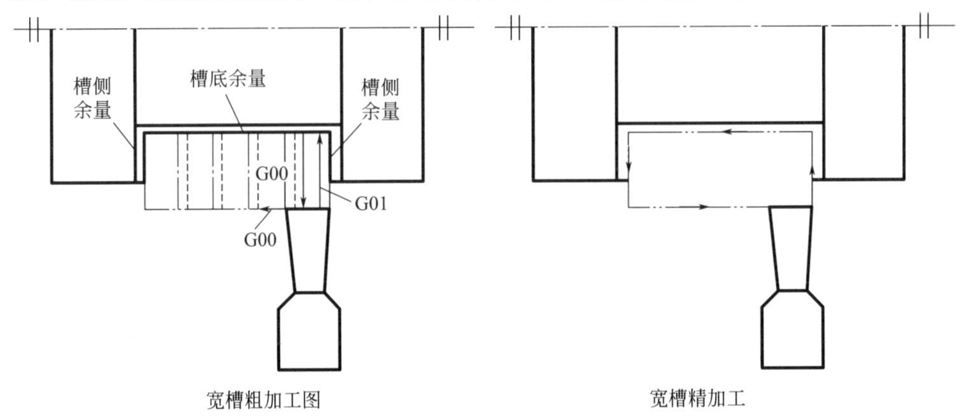

图 2-23　宽槽加工示意图

(3) 槽类零件加工示例　如图 2-24 和图 2-25 所示槽零件图，分析零件的加工工艺，并编写相应的数控程序，这里只说明零件图中槽的加工工艺及数控程序。

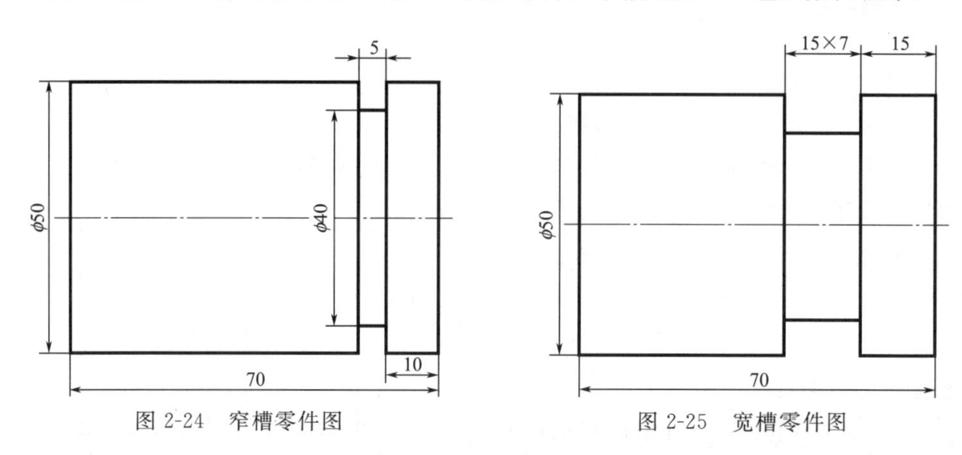

图 2-24　窄槽零件图　　图 2-25　宽槽零件图

零件工艺分析：窄槽的加工，选宽度为 5mm 切槽刀，一次成型；宽槽的加工，选宽度为 4mm 切槽刀，多次粗切，最后精切。参考加工程序见表 2-6。

表 2-6　参考加工程序

窄槽程序		宽槽程序	
%0001		%0002	
G95M03S500		G95M03S500	
T0101；	5mm 切槽刀	T0101；	4mm 切槽刀
G00X60Z-15		G00X60Z-29	
G01X40		G01X37	
G04P5；	孔底暂停 5 秒	G00X60	
G00X60		Z-26	
X100Z100		G01X37	
M05		G00X60	
M30		Z-23	
		G01X37	
		G00X60	
		Z-20	
		G01X37	
		G00X60	
		Z-30	
		G01X36	
		Z-19	
		G00X60	
		X100Z100	
		M05	
		M30	

2. G32 指令

指令格式：G32 X(U)　Z(W)　F

其中：X、Z 为螺纹编程终点的 X、Z 向坐标，单位 mm。X 为直径值。U、W 为螺纹编程终点相对于编程起点的 X、Z 向的增量值。F 为螺纹导程。单线螺纹导程等于螺距，即 $L=P$；多线螺纹导程等于线数乘于螺距，即 $L=nP$。G32 走刀路线如图 2-26 所示。

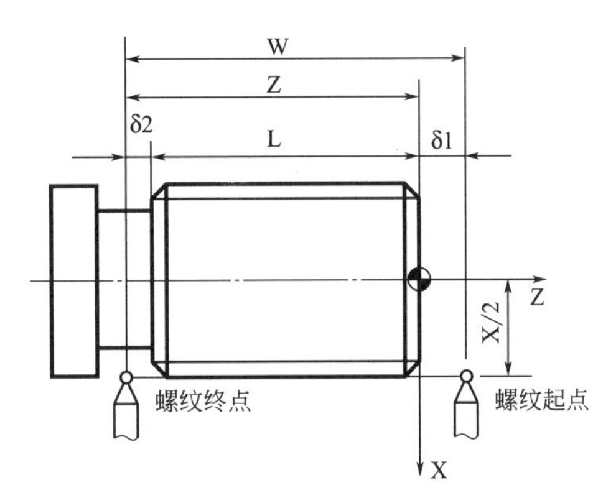

图 2-26　G32 走刀路线示意图

说明：

1）G32 进刀方式为直进式。

2）A 点是螺纹加工的起刀点，B 点是单行程螺纹切削指令 G32 的起点，C 点是单行程螺纹切削指令 G32 的终点，D 点是 X 向退刀的终点。

3）G32 指令与 G00 字节指令结合完成螺纹的车削。①是用 G00 进刀；②是用 G32 车螺纹；③是 G00X 方向退刀；④是用 G00Z 方向退刀。

4）螺纹车削时切削角度 α 为 0°时为圆柱螺纹，不为 0°时为圆锥螺纹。

（1）常用螺纹切削的进给次数与切削深度　见表 2-7。车削时应遵循递减的背吃刀量分配方式，同时为保证螺纹的表面粗糙度，使用硬质合金车刀车削时，最后一刀的背吃刀量应不小于 0.1mm。

表 2-7　螺纹切削进给次数与切削深度查询表　　单位：mm

公制螺纹						
螺距		1.0	1.5	2.0	2.5	3.0
牙深		0.65	0.975	1.3	1.625	1.95
切深		1.3	1.95	2.6	3.25	3.9
走刀次数及分层切削用量	1	0.7	0.8	0.9	1.0	1.2
	2	0.4	0.5	0.6	0.7	0.7
	3	0.2	0.5	0.6	0.6	0.6
	4		0.15	0.4	0.4	0.4
	5			0.1	0.4	0.4
	6				0.15	0.4
	7					0.2

（2）常用螺纹的牙型　沿螺纹轴线剖开的截面内螺纹牙两侧边的夹角称为螺纹的牙型。常见的螺纹牙型有三角形、梯形、锯齿形、巨形等如图 2-27 所示。螺纹的牙型中最主要的参数是牙型角。牙型角 α 指螺纹牙型上相邻两牙侧间的夹角。普通螺纹的牙型角为 60°，英制螺纹的牙型角为 55°，梯形螺纹的牙型角为 30°。

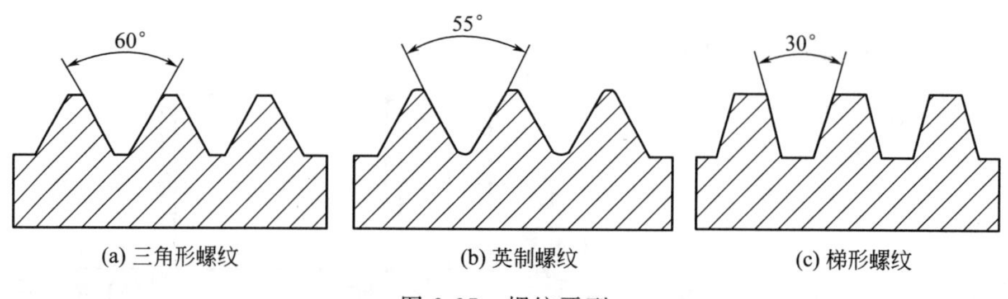

图 2-27　螺纹牙型

（3）外螺纹刀的安装和对刀　安装螺纹刀时首先要保证刀尖与车床的回转轴线在同一高度。螺纹刀的轴线与回转轴线垂直。对刀时，将螺纹刀在首轮模式下移动到图 2-28 中的位置 A，然后再在刀偏表的界面的对应刀号下，输入 X 直径值，按下“enter”键；移动光标位置，再输入 Z0.0，按下“enter”键，对刀完成。螺纹刀对刀对 Z 向要求不很严格。

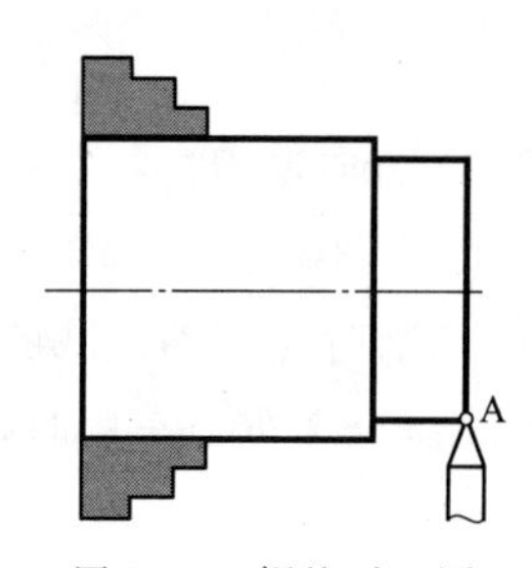

图 2-28　螺纹对刀图

（4）外螺纹相关数值的计算方法

1）外圆柱面的直径 d 及牙型高度 h_1 的确定　高速车削三角形螺纹时，受车刀挤压后会使螺纹大径尺寸涨大，因此车螺纹前的外圆直径，应比螺纹大径小。外径一般可以取 $d_{计}=d-0.1P$。牙型高度一般取螺纹实际牙型高度 $h_1=0.65P$。

2）螺纹起点和螺纹终点轴向尺寸的确定　数控车床在加工螺纹时，由于起始需要一个加速过程，结束需要一个减速过程。因此车螺纹时，两端必须设置足够的升速切入段 δ_1 和减速切出段 δ_2。一般情况下取升速切入段 $\delta_1=2P$，减速切出段 $\delta_2=P$。注意在空走刀行程阶段不要与工件发生干涉，有退刀槽的工件，减速切出段 δ_2 的长度要小于退刀槽的宽度。

3. 简单循环指令 G82

指令格式：G82 X(U)__ Z(W)__ F __

其中：X、Z 为螺纹编程终点的 X、Z 向坐标，单位 mm。X 为直径值。U、W 为螺纹编程终点相对于循环起点的 X、Z 方向的增量值。F 为螺纹导程。

G82 走刀路线如图 2-29 所示。

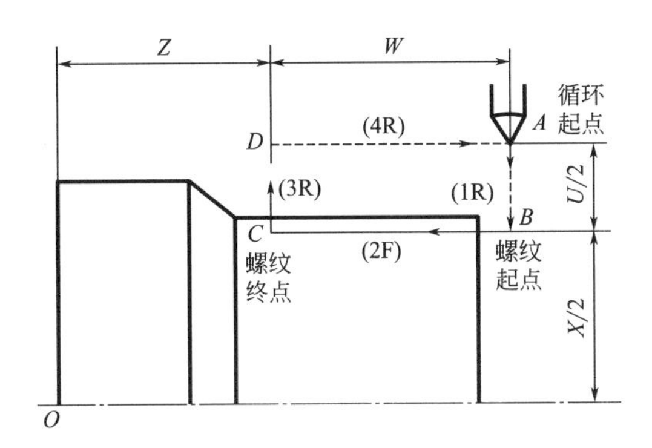

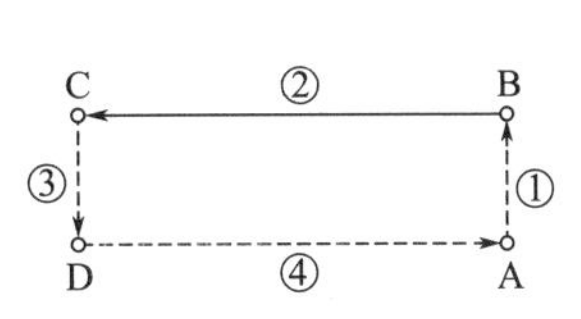

图 2-29　G82 走刀路线示意图

G82 指令完成了如下四步动作：

① 快速进刀（相当于 G00 指令）。

② 螺纹车削（相当于 G32 指令）。

③ 快速退刀（相当于 G00 指令）。

④ 快速返回（相当于 G00 指令）。

螺纹的加工示例如下。

如图 2-30 所示（毛坯直径为 40mm），分析零件工加工工艺，并编写相应的加工程序见表 2-8。精车外圆后的直径值为：$d_{计}=d-0.1P=28-0.1\times2=27.8$mm；$\delta_1=2P=4$，减速切出段 $\delta_2=2$。

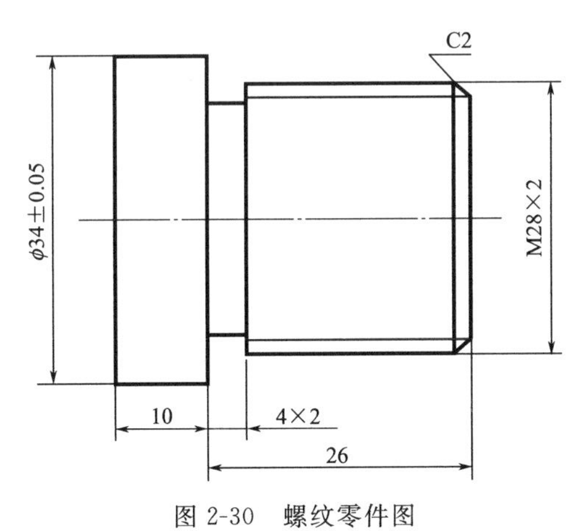

图 2-30　螺纹零件图

表 2-8 参考加工程序

程序	备注
%0001	
G95M03S500	
T0101	；4mm 切槽刀
G00X50Z50	
Z-26	
G01X24 F0.3	
G04P5	
G00X40	
G00X100Z100	;移动至换刀点
T0202	;螺纹车刀
G00X35Z4	
G82X26.9Z-24F2	
X26.3	；第一刀切深 0.9mm
X25.7	；第一刀切深 0.6mm
X25.3	；第一刀切深 0.6mm
X25.2	；第一刀切深 0.4mm
G00X100Z100	；第一刀切深 0.1mm
M05	
M30	

任务实施

如图 2-21 所示（毛坯直径为 40mm），分析零件工加工工艺，并编写相应的加工程序填写表 2-9。

表 2-9 加工程序

程 序	备 注

续表

程　　序	备　　注

知识拓展——外锥螺纹编程命令G82

指令格式：G82 X(U)__ Z(W)__ I __ F __

其中：X、Z 为螺纹编程终点的 X、Z 向坐标，单位 mm。X 为直径值。

U、W 为螺纹编程终点相对于循环起点的 X、Z 方向的增量值。

I 为切削始点 B 与切削终点 C 的半径差；当算术值为正值时，I 为正，相反则为负。外锥 G82 循环加工路线如图 2-31 所示。

F 为螺纹导程。

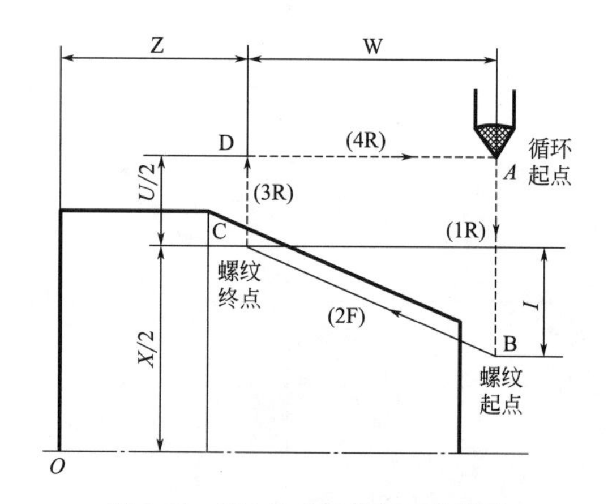

图 2-31　G82 外锥螺纹加工路线图

思考与练习

1）分析图 2-32 零件图加工工艺并编写数控加工程序。

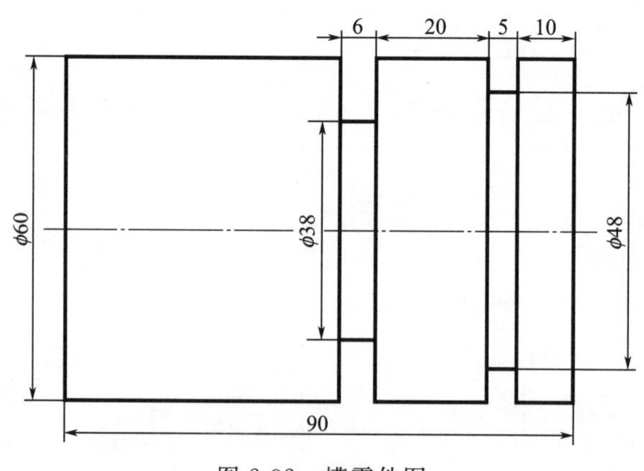

图 2-32　槽零件图

2）分析图 2-33 零件图加工工艺并编写数控加工程序。

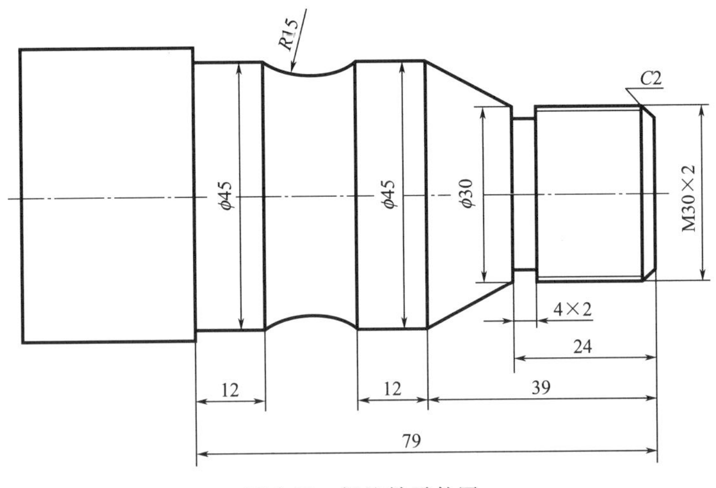

图 2-33　螺纹轴零件图

任务五　成型面的编程与加工

任务描述

掌握数控车床成型面的编程指令、编程方法及加工等。如图 2-34 所示成型面加工零件图，根据图纸尺寸要求，试分析零件加工工艺，并编写数控加工

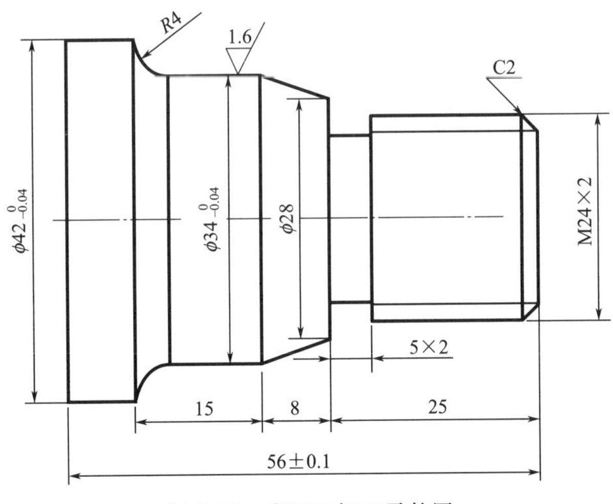

图 2-34　成型面加工零件图

程序。

任务目标

1）掌握指令 G71 的编程方法。

2）掌握成型面的编程及加工。

知识准备

内、外径粗车循环 G71 适用于切除圆柱毛坯料外径和圆筒毛坯料内径，非一次加工即能加工到规定尺寸的场合。利用复合固定循环功能，只要编出最终加工路线，给出每次切除的余量深度或循环次数，机床即可自动地重复切削直到工件加工完为止。

（1）指令格式 G71

G71 U(Δd) R(r) P(ns) Q(nf) X(Δu) Z(Δw) F(f) S(s) T(t)

说明：

Δd——背吃刀量（半径值：mm）；

e——退刀量（半径值：mm）；

ns——循环程序中第一个程序段的顺序号；

nf——循环程序中最后一个程序段的顺序号；

Δu——径向（X 轴方向）的精车余量（直径值：mm），

Δw——轴向（Z 轴方向）的精车余量；

f、s、t——F、S、T 代码，如图 2-35 所示为 G71 加工路线示意图。

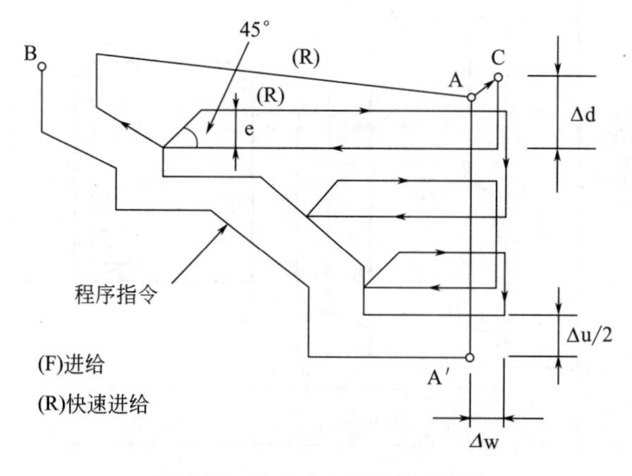

图 2-35　G71 加工路线示意图

注意：

1）粗加工时 G71 中编程的 F、S、T 有效，而精加工时如果 G71 指令到 ns 程序段内设定了 F、S、T，将在精加工段内有效，如果没有设定则按照粗加工的 F、S、T 执行。

2）G71 指令行下一行程序中不能出现 Z 坐标。

（2）成型面加工示例　如图 2-36 所示（毛坯直径为 50mm），分析零件工加工工艺，并编写相应的加工程序见表 2-10。

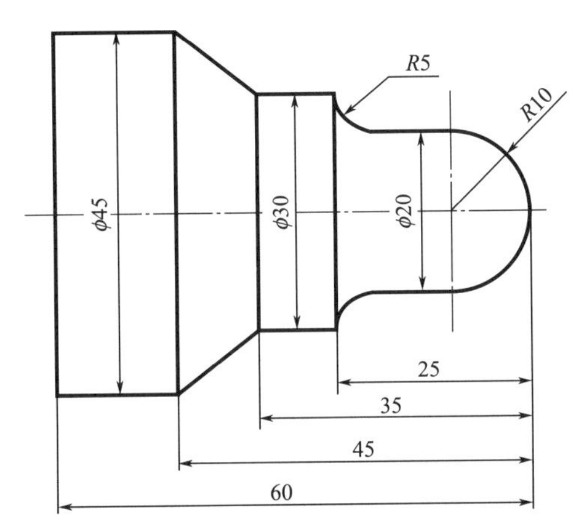

图 2-36　成型面加工零件图

表 2-10　参考程序

程　　序	备　　注
%0001	
G95M03S500 T0101 G00X50Z50 Z3 G71U2R1P10Q20X1Z0F0.3 N10G01X0　F0.1 S800 Z0 G03X20Z-10R10 G01　Z-20 G02X30Z-25R5 G01　Z-35 X45Z-45 Z-60 N20　X60	;循环指令 ;精加工路线第一行,N10 是行号 ;精加工路线最后一行,N20 是行号

续表

程　　序	备　　注
G00X100Z100 M05 M30	

任务实施

如图 2-34 所示（毛坯直径为 50mm），分析零件工加工工艺，并编写相应的加工程序填写表 2-11。

表 2-11　参考程序

程　　序	备　　注

续表

程　序	备　注

知识拓展——掉头加工

由于工件的长度过长，为了保证加工精度，有时需要进行掉头加工。

掉头加工首先要控制工件的总长度尺寸，在掉头后需要车断面、定总长。方法：用卡爪夹住已车工件的一端，用粗车刀先车一下右端面，这时用游标卡尺测量一下总长是多少，也就是工件还长多少（ΔW）。观察操作面板上的坐标，记下此时的 Z 值或 W 值。让车刀分多次车端面车到（$Z-\Delta W$）或（$W-\Delta W$），工件总长就能得到保证；最后，让车刀沿 Z 向退刀远离工件。

其次，就是要保证工件两端的同轴度。分别在靠近工件端面处和靠近卡盘处两点，用百分表来校正这两点。用这种方法可以保证同轴度要求。

思考与练习

1）分析图 2-37 零件图加工工艺并编写数控加工程序。

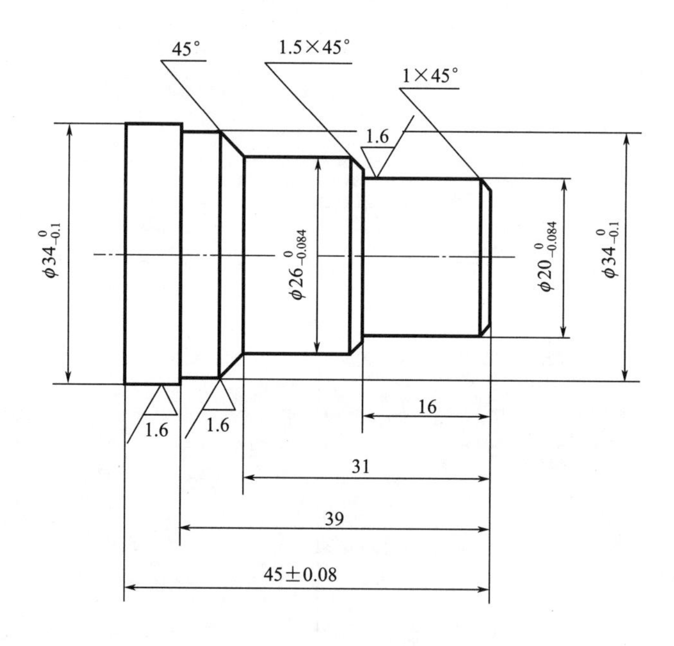

图 2-37 成型面加工零件图

2）分析图 2-38 零件图加工工艺并编写数控加工程序。

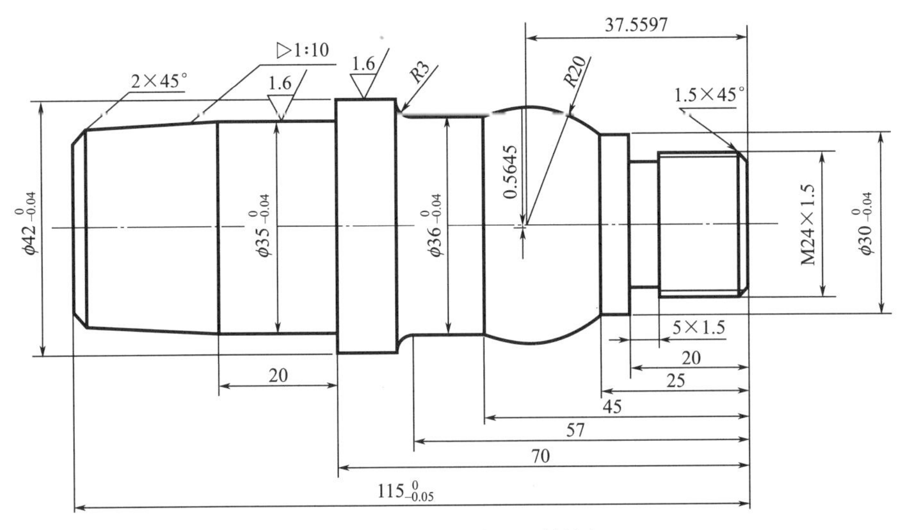

图 2-38　成型面加工零件图

任务六　数控车削综合练习

任务描述

主要是通过各种零件图的加工练习，使学生熟练掌握数控车削编程的方法与技巧（图 2-39～图 2-42）。

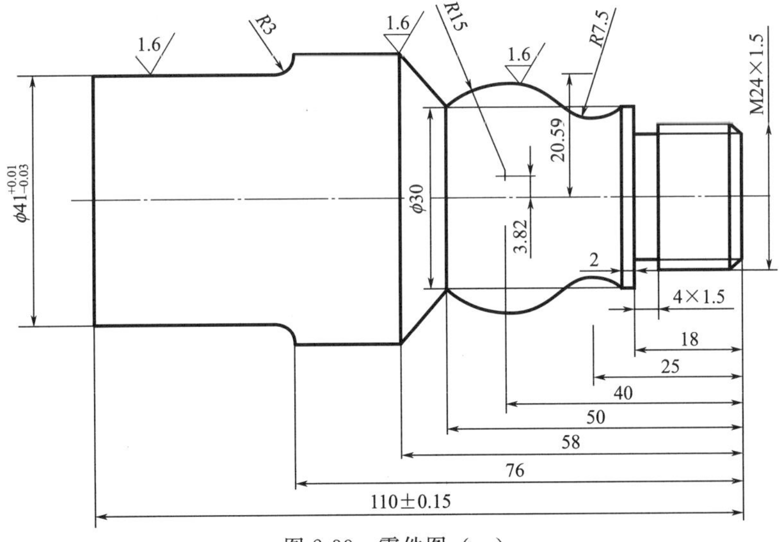

图 2-39　零件图（一）

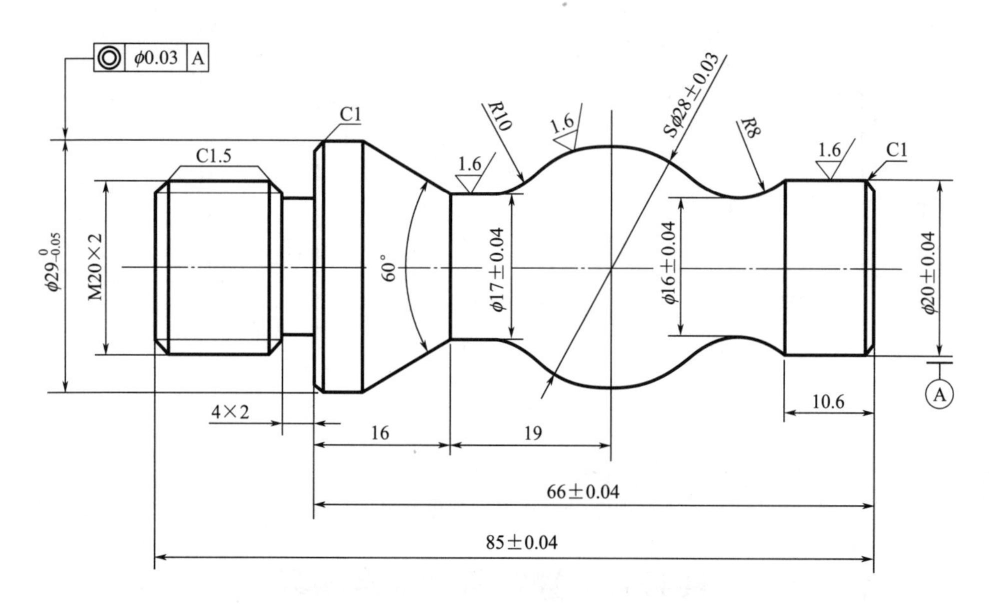

图 2-40 零件图（二）

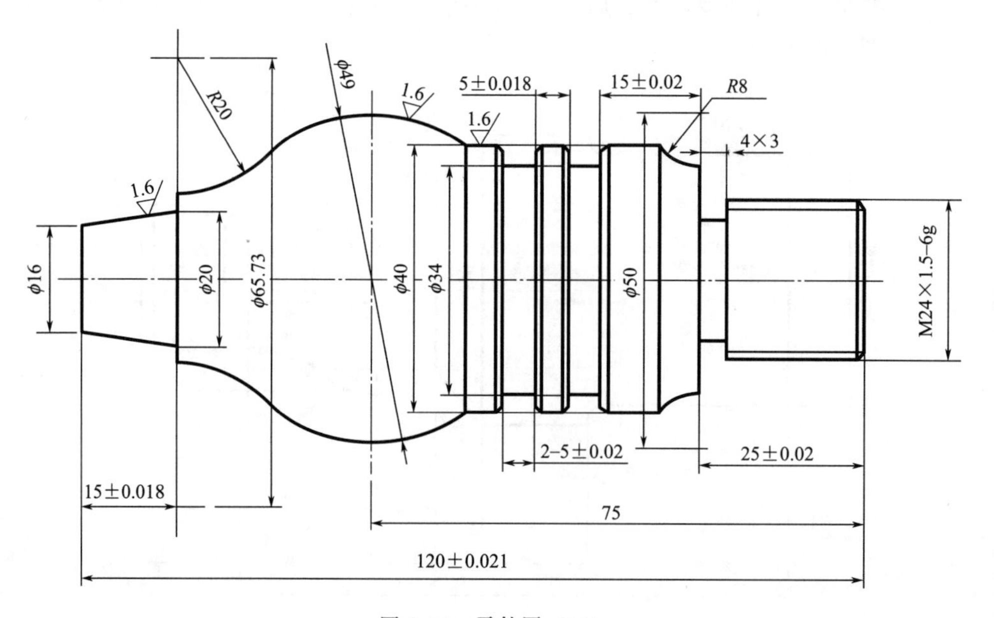

图 2-41 零件图（三）

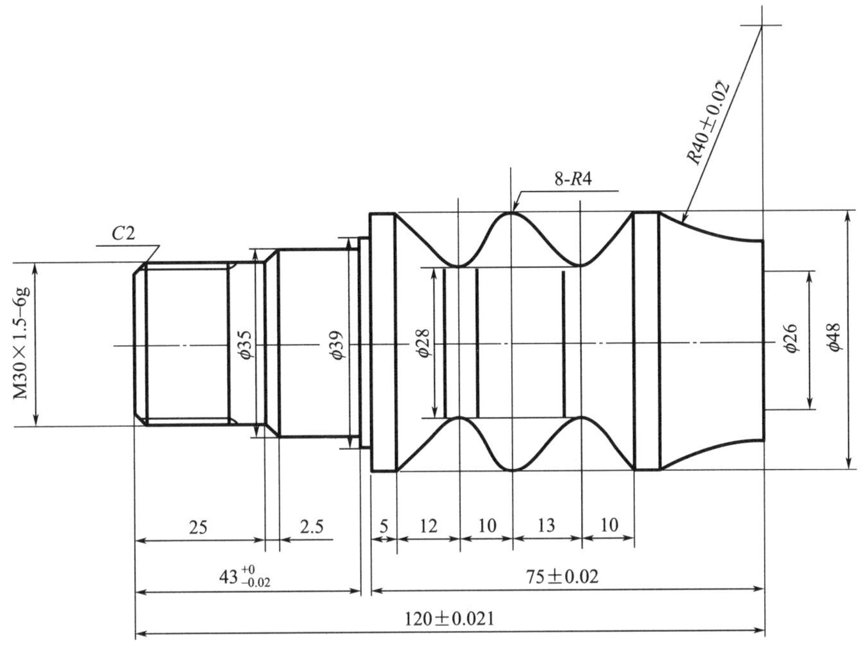

C2
M30×1.5-6g
ϕ35
ϕ39
ϕ28
8-R4
R40±0.02
ϕ26
ϕ48
25
2.5
5
12
10
13
10
43 +0 −0.02
75±0.02
120±0.021

图 2-42　零件图（四）

项目三　数控铣削加工技术

● 项目介绍

数控铣削加工技术主要是介绍数控车床的基本操作，包括数控铣床的对刀操作、轮廓的加工、孔加工、半径补偿的编程以及分层切削加工等。通过相关指令的学习，掌握数控铣削最基本的编程方法及加工技术。

● 知识目标

1）认识数控铣床面板及相关操作方法。

2）掌握数控铣床的基本编程指令及编程方法。

● 技能目标

1）掌握数控铣床最基本的对刀操作以及工件和刀具的装夹等。

2）掌握轮廓的加工、孔加工、半径补偿的编程以及分层切削加工方法。

● 素质目标

1）通过规范操作，建立劳动保护与安全文明生产意识。

2）通过互动学习、理论实践一体化教学，调动学生学习的积极性与主动性。

任务一　数控铣床基本操作

任务描述

掌握数控铣床的基本操作，数控机床的开关机、工件的装夹、刀具的装夹以及对刀操作等。

任务目标

1）认识铣刀及其种类。

2）掌握数控铣床的基本操作。

知识准备

1. 认识铣刀

常用铣刀种类如图 3-1 所示。

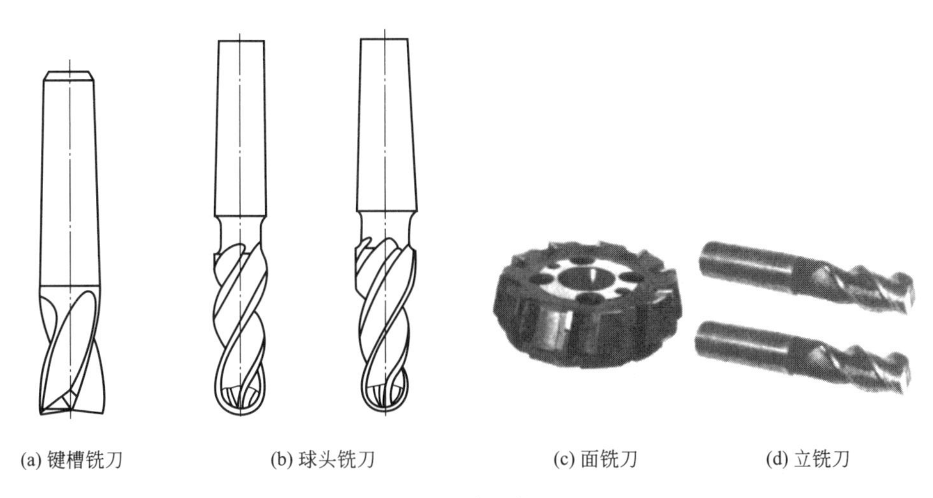

图 3-1　常用铣刀

（1）面铣刀　面铣刀的圆周表面和端面都有切削刃，端部切削刃为副切削刃。面铣刀多制成套式镶齿结构，刀齿为高速钢或硬质合金。

（2）立铣刀　立铣刀的圆柱表面和端面上都有切削刃，它们可同时进行切削，也可单独进行切削。立铣刀圆柱表面的切削刃为主切削刃，端面上的切削刃为副切削刃。注意，因为立铣刀的端面中间有凹槽，所以不可以做轴向进给。

（3）模具铣刀　其结构特点是球头或端面上布满了切削刃，圆周刃与球头刃圆弧连接，可以做径向和轴向进给。

（4）键槽铣刀　它有两个刀齿，圆柱面和端面都有切削刃，端面刃延至中心。加工时先轴向进给达到槽深，然后沿键槽方向铣出键槽全长。

（5）鼓形铣刀　切削刃分布在半径为 R 的圆弧面上，端面无切削刃。加工时控制刀具上下位置，相应该面刀刃的切削部位，可以在工件上切出从负到正的不同斜角。R 越小，鼓形铣刀所能加工的斜角范围越广。

（6）成形铣刀　一般都是为特定的工件或加工内容专门设计制造的。

2. 数控铣床的基本操作

(1) 开机　开启机床总电源，拧开急停按钮。

(2) 回零　因为机床在断电后就失去了对各坐标位置的记忆，所以在接通电源后，必须让各坐标值回零（返回参考点）。

操作步骤：

① 将方式选择选钮置于回“参考点”或“回零”位置；

② 调整快速修调倍率开关于适当位置；

③ 先按“＋Z”，再分别按下“＋X”和“＋Y”，回零完毕时“X”“Y”与“Z”指示灯相应变亮，注意应先让Z轴回零，再让X和Y轴回零。

④ 选择手动模式，依次操作－X、－Y到安装位置，－Z到合理位置。

(3) 铣刀的装夹　立铣刀大多采用弹簧夹装夹方式，使用时处于悬臂状态。在铣削加工过程中，有时可能出现立铣刀从刀夹中逐渐伸出，甚至完全掉落，致使工件报废的现象，其原因一般是因为刀夹的内孔与立铣刀刀柄外径之间存在油膜，造成夹紧力不足所导致。所以在立铣刀装夹前，应先将立铣刀柄部和刀夹内孔用清洗液清洗干净，擦干后再进行装夹。

装夹步骤：

① 按下操作面板上“换刀允许”按钮；

② 手托住刀柄装入主轴锥孔中，注意刀柄槽和主轴键对准，再按面板上“刀具夹紧/松开”按钮；

③ 刀具即装入刀柄，手动旋转主轴，确定刀具是否装夹牢固。

(4) 工件坐标系的建立（对刀）

① X、Y向对刀：将工件通过夹具（虎钳）装在机床工作台上，装夹时，工件的四个侧面都应留出铣刀空间。

② 转动主轴，快速移动工作台和主轴，让铣刀靠近工件的左侧。

③ 改用微调操作，让铣刀慢慢接触到工件左侧，记下此时机床坐标系中的X坐标值，如图3-2所示，$X_1=-310.300$。

④ 抬起铣刀至工件上表面之上，快速移动工作台和主轴，让铣刀靠近工件右侧。

⑤ 改用微调操作，让铣刀慢慢接触到工件右侧，记下此时机械坐标系中的X坐标值，如图3-2所示$X_2=-200.300$。

⑥ 据此可得工件坐标系原点W在机床坐标系中的X坐标值$X=(X_1+X_2)/2=(-310.300-200.300)/2=-255.300$。

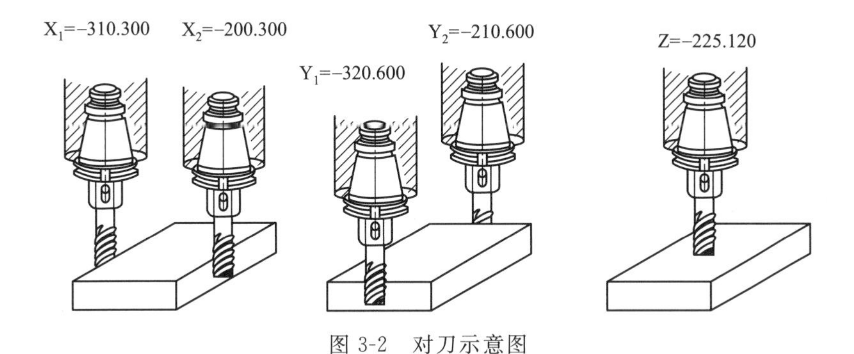

图 3-2　对刀示意图

⑦ 同理可测得工件坐标系原点 W 在机械坐标系中的 Y 坐标值 $Y=(Y_1+Y_2)/2=(-320.600-210.600)/2=-265.600$。

⑧ Z 向对刀：移动 Z 轴，使刀具接近工件上表面（应在工件今后被切除的部位）。

⑨ 改用微调操作，当刀具刀刃在工件表面切出一个圆圈记下此时机械坐标系中的 Z 坐标值，如图 3-2 所示 Z＝－225.120。

⑩ 将算得的 X、Y、Z 三个坐标值输入到 G54 中，如图 3-3 所示。

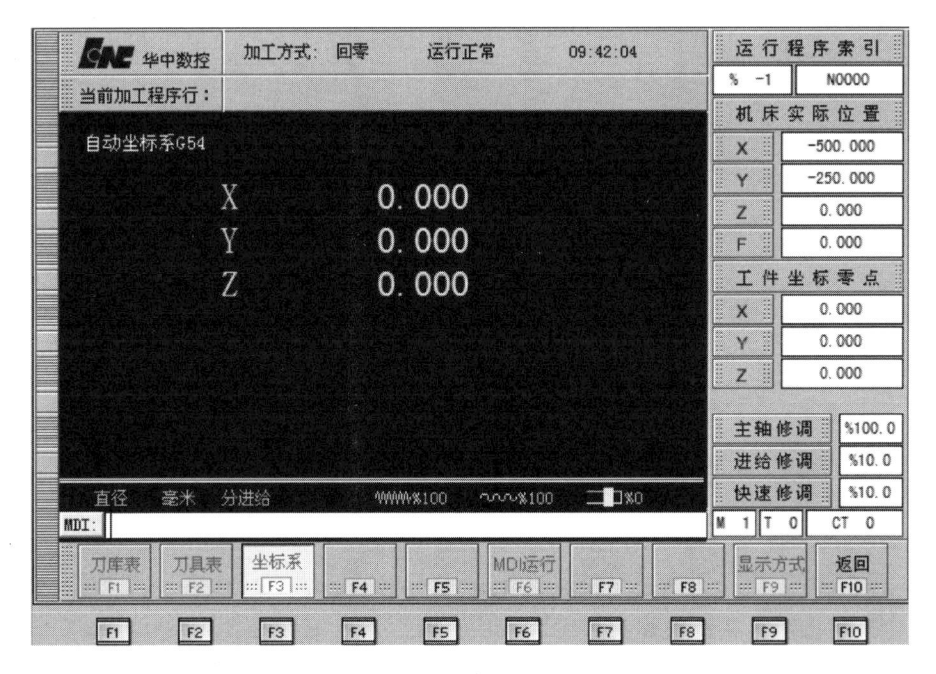

图 3-3　G54 坐标系设定界面

最后，验证对刀。在 MDI 模式下，输入“M03S500　G00Z50，X0Y0”，按

“循环启动”键，看主轴最后能否停留在工件中心正上方50mm处。如果能，对刀正确；否则，对刀不正确。检查对刀过程，重新对刀，直至对刀正确。

（5）对刀注意事项

① 在对刀过程中，可通过改变微调进给量来提高对刀精度；

② 对刀时需小心谨慎操作，尤其要注意移动方向，避免发生碰撞危险；

③ 对刀数据一定要存入与程序对应的存储地址，防止因调用错误而产生严重后果。

任务实施

理解对刀操作，并填写表3-1。

表3-1 对刀操作

序号	操作
回参考点	
转动主轴	
对Z轴	
对X轴	
对Y轴	
验证对刀	

知识拓展——数控铣床操作规程

1. 工件加工前的注意事项

1）查看工作现场是否存在可能造成不安全的因素，若存在应及时排除。

2）检查液压系统油标是否正常；检查润滑系统油标是否正常；检查冷却液容量是否正常；按规定加好润滑油和冷却液；手动润滑的部位先要进行手动润滑。

3）检查工作台上工件是否正确夹紧，夹紧是否可靠。

4）检查刀具安装是否正确，回转是否正常。

2. 数控铣床安全操作规程

1）操作人员应熟悉所用数控铣床的组成、结构以及规定的使用环境，并严格按机床操作手册的要求正确操作，尽量避免因操作不当而引起的故障。

2）按顺序开、关机。先开机床再开数控系统，先关数控系统再关机床。

3）开机后进行返回机床参考点的操作，以建立机床坐标系。

4）手动操作沿 X、Y 轴方向移动工作台时，必须使 Z 轴处于安全高度位置，移动时应注意观察刀具移动是否正常。

5）正确对刀，确定工件坐标系，并核对数据。

6）程序调试好后，在正式切削加工前，再检查一次程序、刀具、夹具、工件、参数等是否正确。

7）刀具补偿值输入后，要对刀补号、补偿值、正负号、小数点进行认真核对。

8）按工艺规程要求使用刀具、夹具、程序。执行正式加工前，应仔细核对输入的程序和参数，并进行程序试运行，防止加工中刀具与工件碰撞，损坏机床和刀具。

9）装夹工件，要检查夹具是否妨碍刀具运动。

10）试切进刀时，进给倍率开关必须打到低挡。在刀具运行至工件表面 30～50mm 处，必须在进给保持下，验证 Z 轴剩余坐标值和 X、Y 轴坐标值与加工程序数据是否一致。

11）刃磨刀具和更换刀具后，要重新测量刀长并修改刀补值和刀补号。

12）程序修改后，对修改部分要仔细计算和认真核对。

13）手动连续进行操作时，必须检查各种开关所选择的位置是否正确，确定正负方向，然后再进行操作。

14）开机后让机床空运转 15 分钟以上，以使机床达到热平衡状态。

15）加工完毕后，将 X、Y、Z 轴移动到行程的中间位置，并将主轴速度和进给速度倍率开关都拨至低挡位，防止因误操作而使机床产生错误的动作。

16）机床运行中，一旦发现异常情况，应立即按下红色急停按钮，终止机床的所有运动和操作。待故障排除后，方可重新操作机床及执行程序。

17）卸刀时应先用手握住刀柄，再按换刀开关；装刀时应在确认刀柄完全到位后再松手。换刀过程中禁止运转主轴。

18）出现机床报警时，应根据报警号查明原因，及时排除。

19）加工完毕，清理现场，并做好工作记录。

3. 数控铣床日常维护及保养

1）保持良好的润滑状态。定期检查、清洗自动润滑系统，添加或更换油脂、油液，使丝杠、导轨等各运动部件始终保持良好的润滑状态，降低机械的磨损速度。

2）精度的检查调整。定期进行机床水平和机床精度的检查，必要时进行调整。

3）清洁防锈。

4）防潮防尘。油水过滤器、空气过滤器等太脏，会出现压力不够、散热不好等现象并造成故障，因此必须期进行清扫卫生。

5）定期开机。数控铣床工作不饱满或较长时间不用，应定期开机让机床运行一段时间。

思考与练习

理解并掌握数控铣床的对刀操作步骤。

任务二　外轮廓的编程与加工

任务描述

掌握数控铣床外轮廓的编程指令、编程方法及加工等。如图 3-4 所示台阶轴零件图，根据图纸尺寸要求，试分析零件加工工艺，并编写数控加工程序。

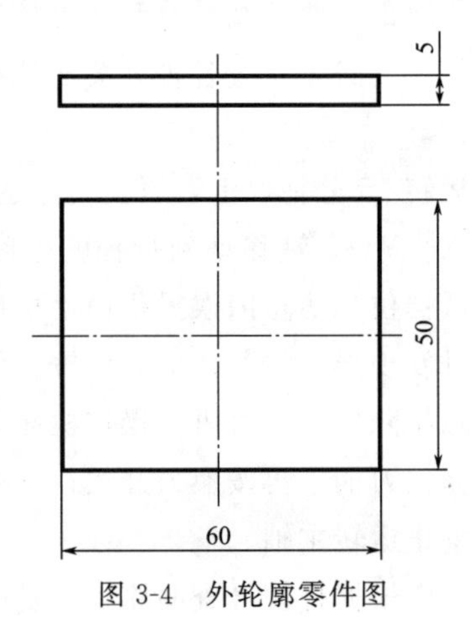

图 3-4　外轮廓零件图

任务目标

1）掌握指令 G00、G01、G02/G03、G90/G91 的编程方法。

2）掌握外轮廓的编程及加工。

知识准备

1. 指令 G00、G01、G02/G03、G90/G91

（1）快速定位指令 G00　指令格式：G00 X　Z

说明：X、Z 为刀位点移动的终点的绝对坐标。

（2）直线插补指令 G01　指令格式：G01 X　Z　F

说明：X、Z 为刀位点移动的终点的绝对坐标；F 进给速度，单位：mm/min，

（3）圆弧编程指令 G02/G03　指令格式：G02 X__Z__R__F__或 G02 X__Z__I__J__F__

G03 X__Z__R__F__或 G03 X__Z__I__J__F__

说明：

1）G02 圆弧顺时针方向插补指令，G03 圆弧逆时针方向插补指令。

2）X、Z：绝对编程，为圆弧终点在工件坐标系的坐标。

3）I、J：为圆心在 X、Z 轴上相对于圆弧起点的增量值。

4）R：圆弧半径，圆心角≤180°时 R 为正，圆心角＞180°时 R 为负，当圆心角等于 360°时，只能用圆心（I、J）编程。

（4）相对/绝对坐标编程指令 G90/G91　功能：设定编程时的坐标为增量值还是绝对值。

说明：

1）G90 绝对编程，每个编程坐标轴上的编程值是相对于程序原点的。G90 为缺省值。

2）G91 相对编程，每个编程坐标轴上的编程值是相对于前一位置而言的，该值等于沿轴移动的距离。

3）G90、G91 是一对模态指令，在同一程序段只能用一种。

2. 铣削加工

（1）顺铣和逆铣　用立铣刀铣削时有顺铣和逆铣两种方式。铣刀与工件已加工面的切点处，铣刀旋转切削刃的运动方向与工件进给方向相同的铣削称为顺

铣。在铣刀与工件已加工面的切点处，铣刀旋转切削刃的运动方向与工件进给方向相反的铣削称为逆铣。

当工件表面无硬皮，机床进给机构无间隙时，应选用顺铣，按照顺铣安排进给路线。采用顺铣加工后，零件已加工表面质量好，刀齿磨损小。精铣时，应尽量采用顺铣。

当工件表面有硬皮，机床的进给机构有间隙时，应选用逆铣，按照逆铣安排进给路线。逆铣时，刀齿是从已加工表面切入，不会崩刀，机床进给机构的间隙不会引起振动和爬行。

(2) 周铣和端铣　在铣床上获得平面的方法有两种，即周铣和端铣。以立式数控铣床为例，用分布于铣刀圆柱面上的刀齿进行的铣削称为周铣（即铣削垂直面)；用分布于铣刀端面上的刀齿进行的铣削称为端铣。

(3) 铣削外轮廓表面　外轮廓加工进给路线当铣削平面轮廓时，一般采用立铣刀侧刃切削。刀具切入工件时，应避免从外轮廓的法向切入，而应沿外廓曲线延长线的切向切入，以避免在切入处产生刀具的刻痕而影响表面质量，保证零件外廓曲线平滑过渡。同理，在切离工件时，也应避免在工件的轮廓处直接退刀，而应该沿外轮廓延长线的切向逐渐切离工件，如图 3-5 所示。对于二维轮廓加工，通常采用的加工路线为：从起刀点移到下刀点→下刀至切削底部→沿切向切入工件→轮廓切削→刀具向上抬刀、退离工件→返回起刀点。

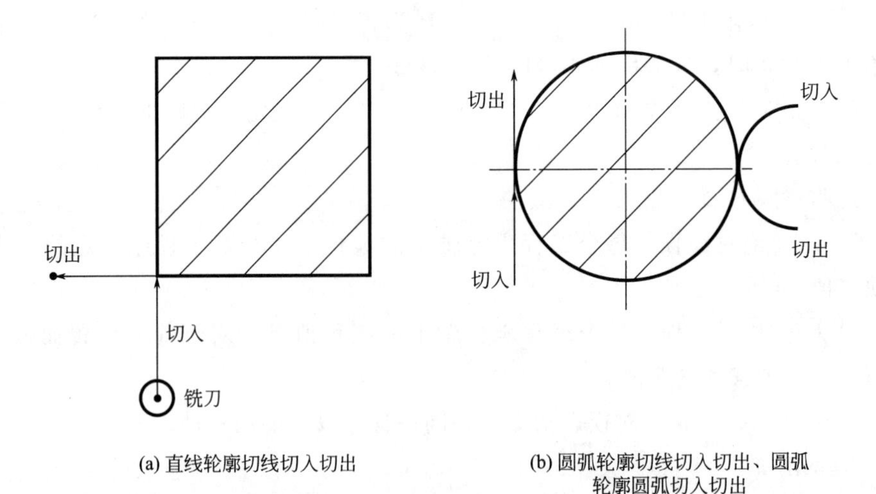

(a) 直线轮廓切线切入切出

(b) 圆弧轮廓切线切入切出、圆弧轮廓圆弧切入切出

图 3-5　外轮廓加工切入、切出路线

3. 零件加工示例

如图 3-6 所示，毛坯为 $\phi100$ 塑料棒料；分析零件加工工艺，并编写相关数控加工程序见表 3-3 所示。

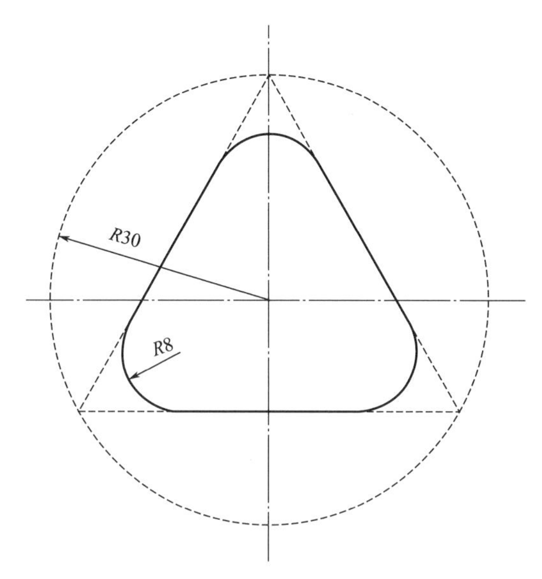

图 3-6 外轮廓零件加工图

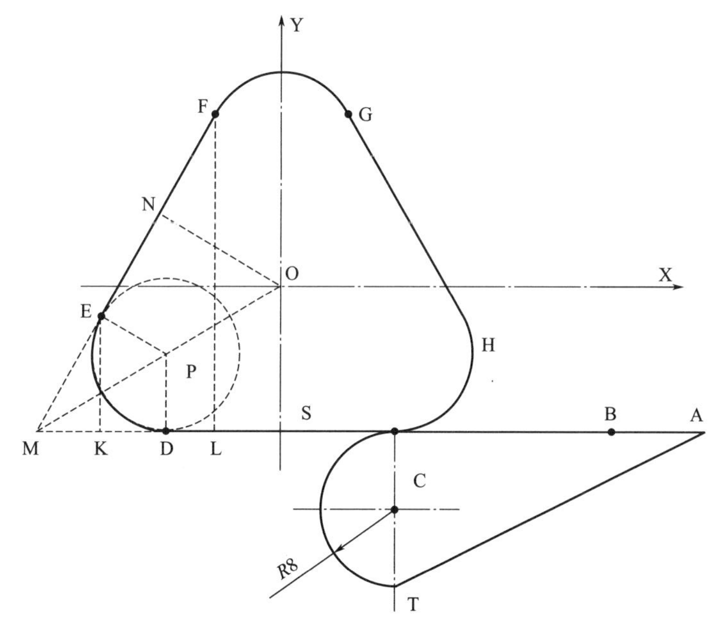

图 3-7 加工路线示意图

分析零件，建立工件坐标系，制定加工工艺线如图 3-7 所示，并计算各基点坐标（见表 3-2），编写参考程序（见表 3-3）。

表 3-2 基点坐标

点	X 坐标值	Y 坐标值	点	X 坐标值	Y 坐标值
A	45	−15	F	−6.93	18
B	35	−15	G	6.93	18
C	12.12	−31	H	19.05	−3
D	−12.12	−15	T	12.12	−31
E	−19.05	−3			

表 3-3 参考加工程序

程序	备注
%0001	程序号
N010 G40 G49 G80;	;取消刀补,取消固定循环
N020 G90 G54	;绝对坐标编程,确定工件坐标系
N030 G00 Z20	;刀具移到安全高度
N040 M03 S500	;主轴正转,转速 500r/min
N050 G00 X45 Y-15	;快速点定位到 X45 Y-15
N060 Z2	;快速接近工件
N070 G01 Z-3 F100	;切入工件 3mm,进给速度 100mm/min
N090 X-12.12 Y-15	
N100 G02 X-19.05 Y-3.00 R8	
N110 G01 X-6.93 Y18.00	
N120 G02 X6.93 Y18.00 R8	
N130 G01 X19.05 Y-3.00	
N140 G02 X12.12 Y-15 R8	
N150 G03 X12.12 Y-31 R8	
N160 G01 X45.00 Y-15.00	
N170 Z2	
N180 G00 Z20	;抬刀
N190 M05	;快速抬到安全高度
N200 M30	;主轴停转
	;程序结束

任务实施

如图 3-6 所示，毛坯为 $\phi 100$ 塑料棒料；分析零件加工工艺，并编写相关数控加工程序，填写表 3-4。

表 3-4　加工程序

知识拓展——切削用量的选择

铣削加工的切削用量包括：切削速度、进给速度、背吃刀量和侧吃刀量。从刀具耐用度出发，切削用量的选择方法是：先选择背吃刀量或侧吃刀量，其次选择进给速度，最后确定切削速度。

1. 背吃刀量 a_p 或侧吃刀量 a_e

背吃刀量 a_p 为平行于铣刀轴线测量的切削层尺寸，单位为 mm。端铣时，a_p 为切削层深度；而圆周铣削时，为被加工表面的宽度。侧吃刀量 a_e 为垂直于铣刀轴线测量的切削层尺寸，单位为 mm。端铣时，a_e 为被加工表面宽度；而圆周铣削时，a_e 为切削层深度。

背吃刀量或侧吃刀量的选取主要由加工余量和对表面质量的要求决定：

① 当工件表面粗糙度值要求为 $Ra=12.5\sim25\mu m$ 时，如果圆周铣削加工余量小于 5mm，端面铣削加工余量小于 6mm，粗铣一次进给就可以达到要求。但是在余量较大，工艺系统刚性较差或机床动力不足时，可分为两次进给完成。

② 当工件表面粗糙度值要求为 $Ra=3.2\sim12.5\mu m$ 时，应分为粗铣和半精铣两步进行。粗铣时背吃刀量或侧吃刀量选取同前。粗铣后留 0.5～1.0mm 余量，在半精铣时切除。

③ 当工件表面粗糙度值要求为 $Ra=0.8\sim3.2\mu m$ 时，应分为粗铣、半精铣、精铣三步进行。半精铣时背吃刀量或侧吃刀量取 1.5～2mm；精铣时，圆周铣侧吃刀量取 0.3～0.5mm，面铣刀背吃刀量取 0.5～1mm。

2. 进给量 f 与进给速度 V_f 的选择

铣削加工的进给量 f（mm/r）是指刀具转一周，工件与刀具沿进给运动方向的相对位移量；进给速度 V_f（mm/min）是单位时间内工件与铣刀沿进给方向的相对位移量。进给速度与进给量的关系为 $V_f=nf$（n 为铣刀转速，单位r/min）。进给量与进给速度是数控铣床加工切削用量中的重要参数，根据零件的表面粗糙度、加工精度要求、刀具及工件材料等因素，参考切削用量手册选取或通过选取每齿进给量 f_z，再根据公式 $f=Zf_z$（Z 为铣刀齿数）计算。

每齿进给量 f_z 的选取主要依据工件材料的力学性能、刀具材料、工件表面粗糙度等因素。工件材料强度和硬度越高，f_z 越小；反之则越大。硬质合金铣刀的每齿进给量高于同类高速钢铣刀。工件表面粗糙度要求越高，f_z 就越小。

每齿进给量的确定可参考表 3-5 选取。工件刚性差或刀具强度低时，应取较小值。

表 3-5　铣刀每齿进给量参考值

工件材料	f_z/mm			
	粗铣		精铣	
	高速钢铣刀	硬质合金铣刀	高速钢铣刀	硬质合金铣刀
钢	0.10～0.15	0.10～0.25	0.02～0.05	0.10～0.15
铸铁	0.12～0.20	0.15～0.30		

3. 切削速度 V_c

铣削的切削速度 V_c 与刀具的耐用度、每齿进给量、背吃刀量、侧吃刀量以及铣刀齿数成反比，而与铣刀直径成正比。其原因是当 f_z、a_p、a_e 和 Z 增大时，刀刃负荷增加，而且同时工作的齿数也增多，使切削热增加，刀具磨损加快，从而限制了切削速度的提高。为提高刀具耐用度允许使用较低的切削速度。但是加大铣刀直径则可改善散热条件，可以提高切削速度。

铣削加工的切削速度 V_c 可参考表 3-6 选取，也可参考有关切削用量手册中的经验公式通过计算选取。

表 3-6　铣削加工的切削速度参考值

工件材料	硬度(HBS)	V_c/(m/min)	
		高速钢铣刀	硬质合金铣刀
钢	<225	18～42	66～150
	225～325	12～36	54～120
	325～425	6～21	36～75
铸铁	<190	21～36	66～150
	190～260	9～18	45～90
	260～320	4.5～10	21～30

思考与练习

1）分析图 3-8 零件图，并编写加工程序。

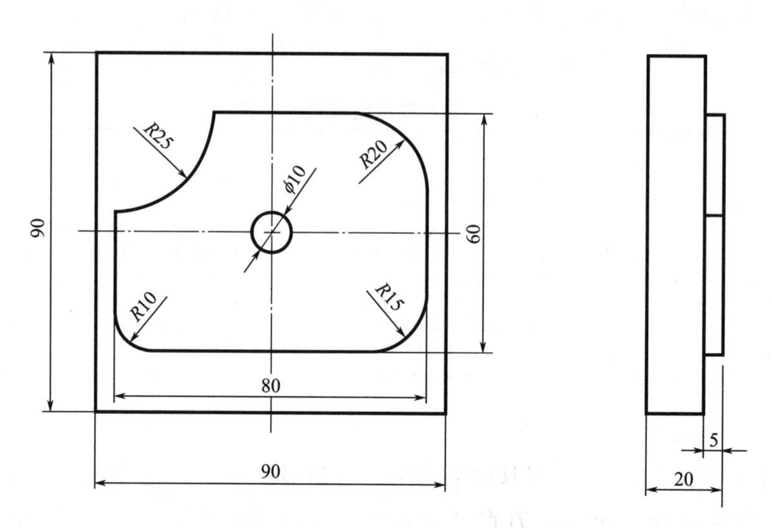

图 3-8 外轮廓零件图（一）

2）分析图 3-9 零件图，并编写加工程序。

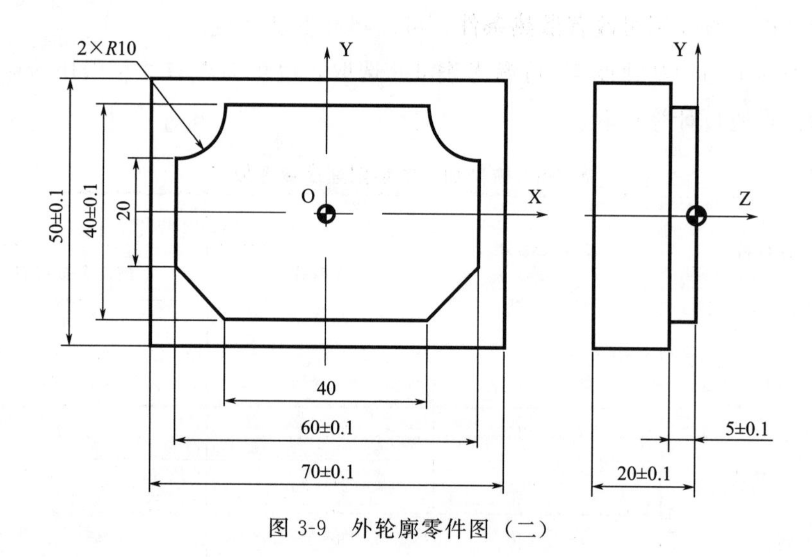

图 3-9 外轮廓零件图（二）

任务三 内轮廓的编程与加工

任务描述

掌握数控铣床内轮廓的编程指令、编程方法及加工等。如图 3-10 所示轮廓零件图，根据图纸尺寸要求，试分析零件加工工艺，并编写数控加工程序。

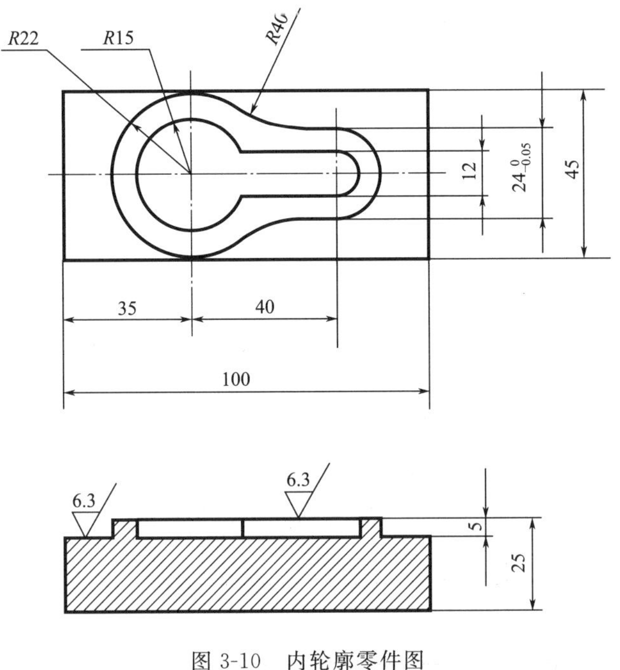

图 3-10　内轮廓零件图

任务目标

1）掌握指令 G00、G01、G02/G03 的编程方法。

2）掌握内轮廓的编程及加工。

知识准备

铣削内轮廓时，一般选立平底立铣刀加工，刀具圆角半径应符合内轮廓的图纸要求。铣削方式同外轮廓加工一样有顺铣和逆铣；刀具切入工件时，应避免从外内轮廓的法向切入，而应沿内轮廓曲线延长线的切向切入，以避免在切入处产生刀具的刻痕而影响表面质量，保证零件外廓曲线平滑过渡。同理，在切离工件时，也应避免在工件的轮廓处直接退刀，而应该沿外轮廓延长线的切向逐渐切离工件，如图 3-11 所示。

如图 3-12 所示，分析零件加工工艺，并编写数控加工程序见表 3-8。

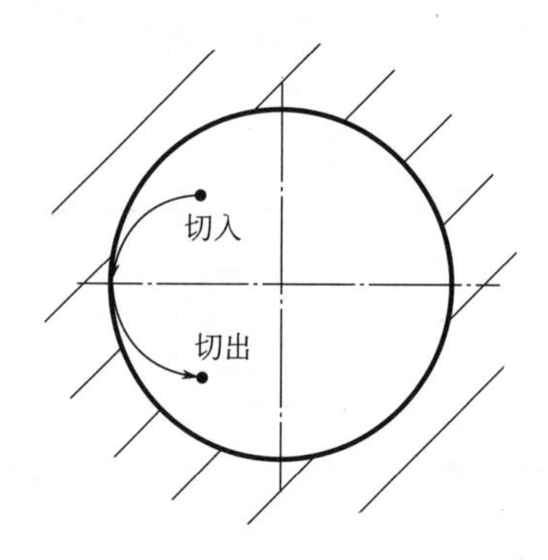

图 3-11 内轮廓加工切入、切出路线

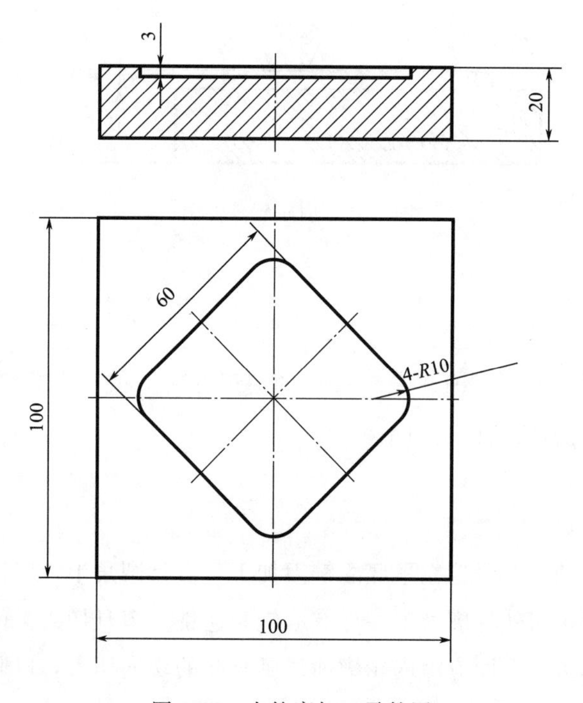

图 3-12 内轮廓加工零件图

分析零件图，制定加工工艺路线如图 3-13 所示，计算各基点坐标见表 3-7。

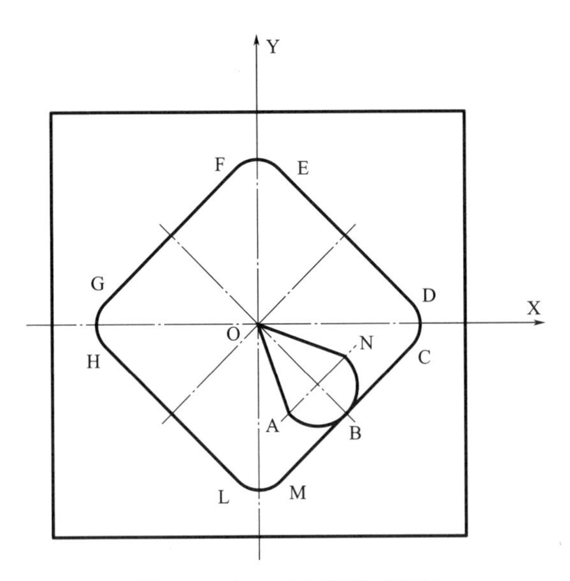

图 3-13　加工工艺路线示意图

表 3-7　各基点坐标

点	X 坐标值	Y 坐标值	点	X 坐标值	Y 坐标值
O	0	0	F	−7.07	35.35
A	5.18	−19.35	G	−35.35	7.07
B	21.21	−21.21	H	−35.35	−7.07
C	35.35	−7.07	L	−7.07	−35.35
D	35.35	7.07	M	7.07	−35.35
E	7.07	35.35	N	19.35	−5.18

参考加工程序见表 3-8。

表 3-8　参考加工程序

程序	备注
%0001	程序号
G40G80G49	;取消刀具长度和半径补偿及固定循环
M03S500	
G00Z50	
G00X0Y0	
G00Z3	
G01Z-3F100	;下刀至工件切深处
X5.18Y-19.35	
G03X21.21Y-21.21R10	;圆弧切进同轮廓
G01X35.35Y-7.07	

续表

程序	备注
%0001	程序号
G03　　　Y7.07R10 G01X7.07Y35.35 G03X-7.07　　R10 G01X-35.35Y7.70 G03　　　Y-7.07R10 G01X-7.07Y-35.35 G03X7.07　　　R10 G01X21.21Y-21.21 G03X19.35Y-5.18R10 G01X0Y0 G00Z50 M05 M30	 ;圆弧切出轮廓 ;抬刀

任务实施

如图 3-10 所示，分析零件加工工艺，如图 3-14 为外轮廓加工走刀路线示意图，图 3-15 为内轮廓走刀路线示图，计算各基点坐标填入表 3-9；并编写数控加工程序填入表 3-10。

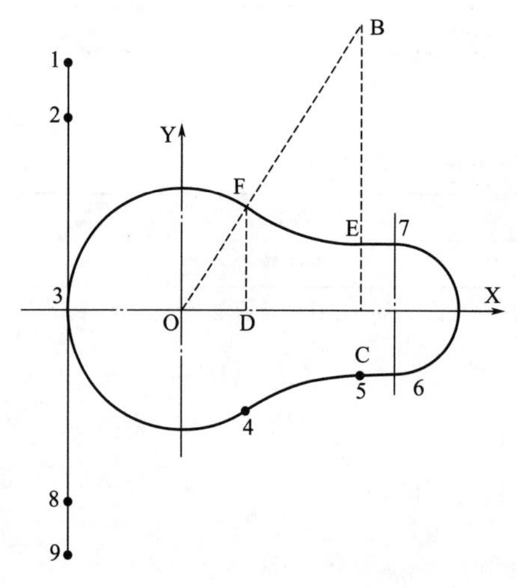

图 3-14　外轮廓走刀路线示意图

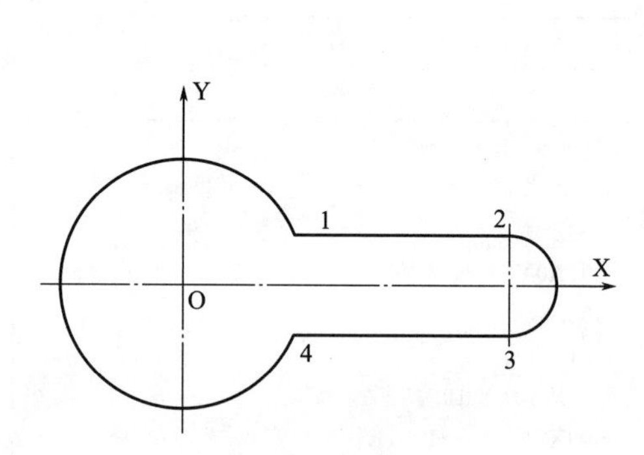

图 3-15　内轮廓走刀路线示意图

表 3-9　各基点坐标

外轮廓			内轮廓		
点	X 坐标值	Y 坐标值	点	X 坐标值	Y 坐标值

表 3-10　加工程序

续表

知识拓展——铣削凹槽

所谓凹槽是指以封闭曲线为边界的平底内凹面。这种凹槽一律用平底立铣刀加工。刀具圆角半径应同凹槽圆角相对应。

如图 3-14 所示，是铣削凹槽的走刀路线。图 3-16(a) 和图 3-16(b) 所示分别为用行切法和环切法加工凹槽的走刀路线示意图。两种路线图的共同点是都能切净内腔中的全部面积，不留死角，不伤轮廓，同时能尽量减少重复进给的搭接量。不同点是行切法的进给路线比环切法短，但行切法将在每两次进给的起点与终点间留下残留面积，而达不到所要求的表面粗糙度；用环切法获得的表面粗糙度要好于行切法，但环切法需要逐次向外扩展轮廓线，刀位点计算稍微复杂一些。

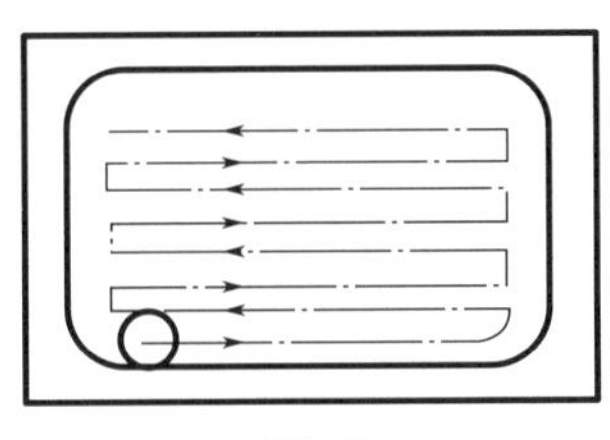

(a) 行切法

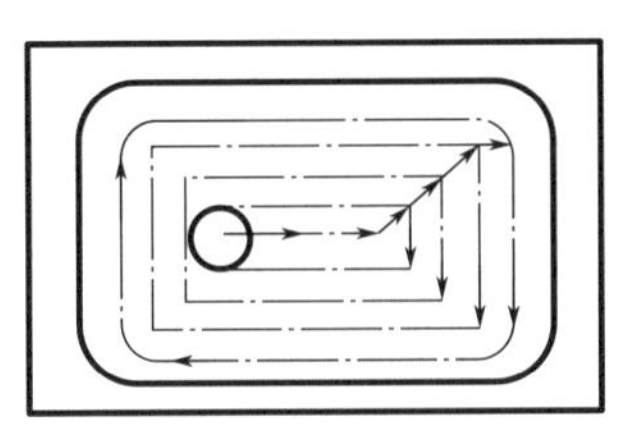

(b) 环切法

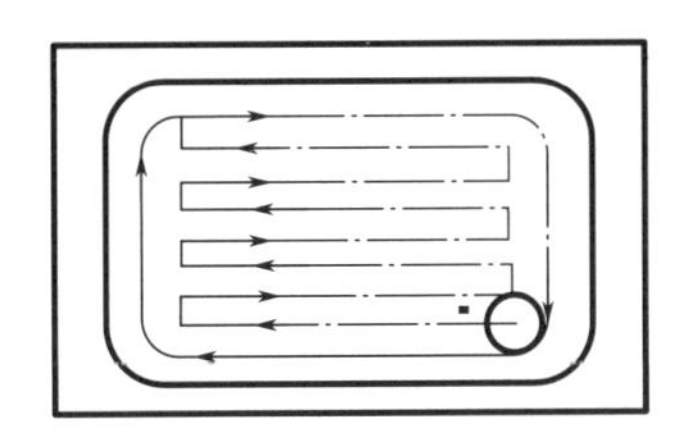

(c) 行切+环切

图 3-16　铣削凹槽的三种走刀路线

综合行切法、环切法的优点，采用图 3-16(c) 所示的走刀路线，即先用行切法去除中间部分余量，最后用环切法切最后一刀，这样既能使总的走刀路线较短，又能获得较好的表面粗糙度。

思考与练习

1）分析图 3-17 零件图，并编写加工程序。

2）分析图 3-18 零件图，并编写加工程序。

3）分析图 3-19 零件图，并编写加工程序。

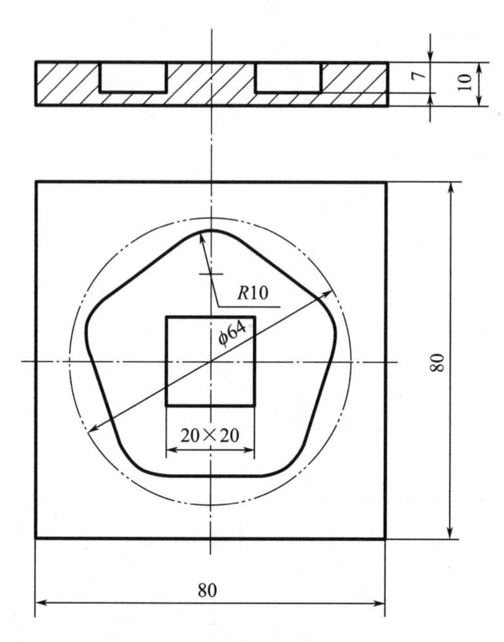

图 3-17 轮廓零件图（一）

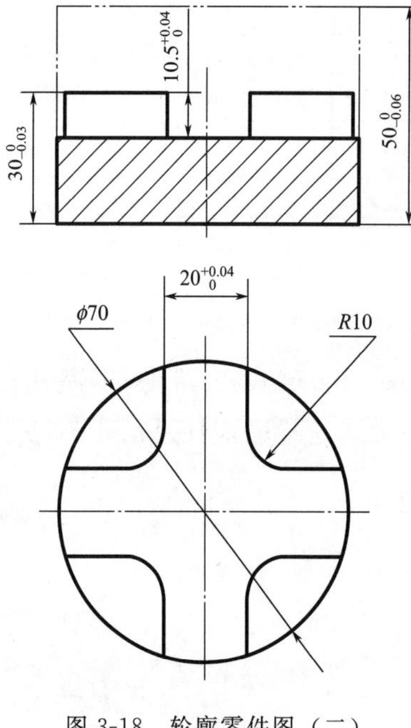

图 3-18 轮廓零件图（二）

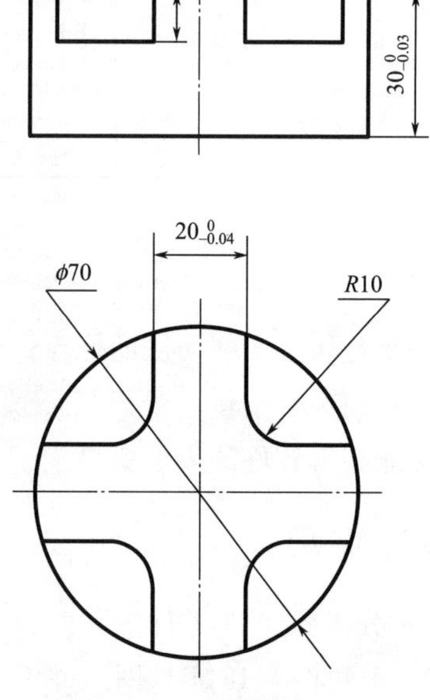

图 3-19 轮廓零件图（三）

任务四 刀具半径补偿的编程

任务描述

掌握数控铣床刀具半径补偿的原理、意义及半径补偿编程的方法。如图 3-4 所示轮廓零件图，根据图纸尺寸要求，试分析零件加工工艺，并编写数控加工程序。

任务目标

1）掌握刀具半径补偿指令 G42、G41 和 G40 的应用。

2）掌握刀具半径补偿的原理及刀具半径补偿的编程及加工。

知识准备

1. 刀具半径补偿的概念

数控机床在加工过程中，它所控制的是刀具中心的轨迹，为了方便起见，用户总是按零件轮廓编制加工程序，因而为了加工所需的零件轮廓，在进行内轮廓加工时，刀具中心必须向零件的内侧偏移一个刀具半径值；在进行外轮廓加工时，刀具中心必须向零件的外侧偏移一个刀具半径值。这种根据按零件轮廓编制的程序和预先设定的偏置参数，数控装置能实时自动生成刀具中心轨迹的功能称为刀具半径补偿功能。

2. 刀具半径补偿类型

（1）刀具半径左补偿　从垂直于加工平面坐标轴的正方向朝负方向看过去，沿着刀具运动方向（假设工件不动）看，刀具位于工件左侧的补偿为刀具半径左补偿，如图 3-20 所示。用 G41 指令表示。

（2）刀具半径右补偿　从垂直于加工平面坐标轴的正方向向负方向看过去，沿着刀具运动方向（假设工件不动）看，刀具位于工件右侧的补偿为刀具半径右补偿，如图 3-21 所示。用 G42 指令表示。

3. 刀具半径补偿的执行过程

（1）刀具半径补偿的建立　刀具补偿的建立使刀具中心从与编程轨迹重合过渡到与编程轨迹偏离一个刀尖圆弧半径。刀补程序段内必须有 G00 或 G01 功能才有效，偏移量补偿必须在一个程序段的执行过程中完成，并且不能省略。

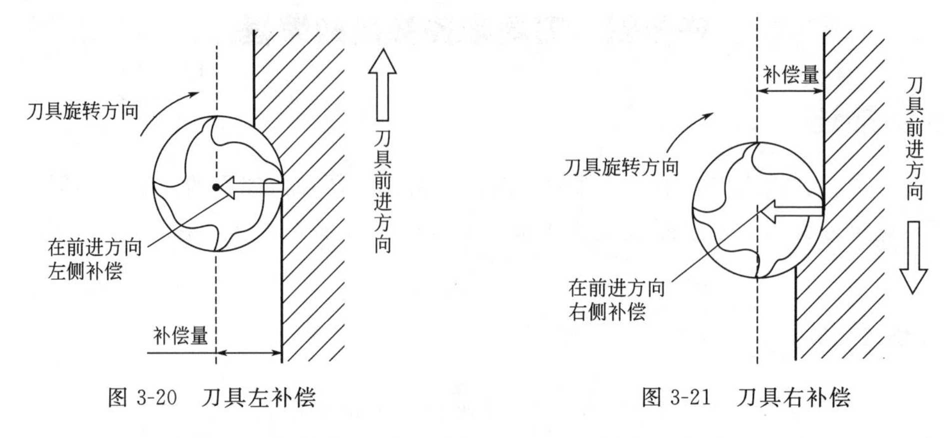

图 3-20　刀具左补偿　　　　图 3-21　刀具右补偿

(2) 刀具半径补偿的执行　执行含 G41、G42 指令的程序段后，刀具中心始终与编程轨迹相距一个偏移量。G41、G42 指令不能重复规定使用，即在前面使用了 G41 或 G42 指令之后，不能再直接使用 G42 或 G41 指令。若想使用，则必须先用 G40 指令解除原补偿状态后，再使用 G42 或 G41，否则补偿就不正常了。

(3) 刀具半径补偿的取消　在 G41、G42 程序后面，加入 G40 程序段即是刀具半径补偿的取消。如图 3-22 所示，表示刀具半径补偿从刀补建立到刀补取

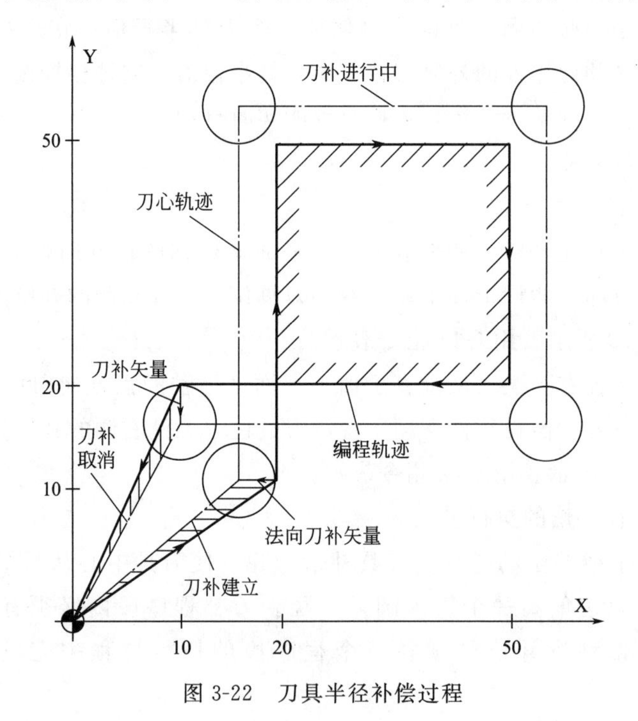

图 3-22　刀具半径补偿过程

消的整个过程。

4. 刀具半径补偿指令 G42、G41 和 G40

刀补建立指令格式：G41/G42G01/G00X　Y　　D（D 为指定的补偿号：即刀具半径值）

刀补取消指令格式：G40G01/G00X　Y

说明：

在指令了刀具半径补偿模态及非零的补偿值后，第一个在补偿平面中产生运动的程序段为刀具半径补偿开始的程序段，在该程序段中，不允许出现圆弧插补指令。

在刀具半径补偿开始的程序段中，补偿值从零均匀变化到给定的值，同样的情况出现在刀具半径补偿被取消的程序段中，即补偿值从给定值均匀变化到零，所以在这两个程序段中，刀具不应接触到工件。刀具半径补偿的建立如图 3-23（a）所示，刀具半径补偿的取消如图 3-23(b）所示。

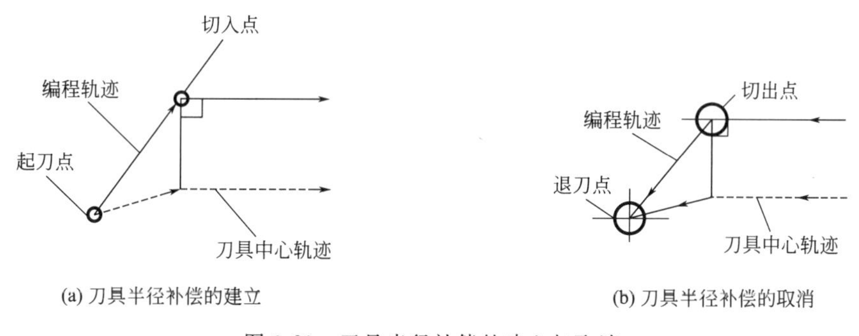

图 3-23　刀具半径补偿的建立与取消

5. 使用刀具半径补偿时要注意的问题

1）刀具半径补偿的建立与取消只能在 G00 或 G01 移动指令模式下才有效。当然，现在有部分系统也支持 G02、G03 模式。但为防止出现差错，在半径补偿建立与取消时，最好不使用 G02、G03 指令。

2）为保证刀补建立与刀补取消时刀具与工件的安全，通常采用 G01 运动方式来建立或取消刀补。如果采用 G00 运动方式来建立或取消刀补，则要采取先建立刀补再下刀和先退刀再取消刀补的加工方法。

3）为了便于计算坐标值，可采用切向切入方式或法向切入方式来建立或取消刀补。对于不便于沿工件轮廓线方向切向或法向切入切出时，可根据情况增加一个辅助程序段。

4）刀具半径补偿建立与取消程序段的起始位置最好与补偿方向在同一侧，以防止在刀具补偿的建立与取消过程中产生过切现象。

5）在刀具补偿模式下，一般不允许在连续两段以上的非补偿平面内移动指令，否则刀具也会出现过切等危险动作。非补偿平面移动指令通常指：只有G、M、S、F、T代码的程序段（如G90、M05等）、程序暂停程序段（如G04 X10.0）和G17平面加工中的Z轴移动指令等。

6. 编程加工示例

在任务二及任务三的轮廓编程学习时，只考虑刀具的加工路线，没有考虑加工的尺寸精度，在此任务中，主要讲了刀具半径补偿的原理及编程，编程也要考虑零件的加工精度。如图3-6所示，考虑半径补偿进行编程，加工程序见表3-11。

表 3-11 参考加工程序

程序	备注
%0001	程序号
N010 G40 G49 G80；	取消刀补，取消固定循环
N020 G90 G54；	绝对坐标编程，确定工件坐标系
N030 G00 Z20；	刀具移到安全高度
N040 M03 S500；	主轴正转，转速500r/min
N050 G00 X45 Y-15；	快速点定位到X45 Y-15
N060 Z2；	快速接近工件
N070 G01 Z-3 F100；	切入工件3mm，进给速度100mm/min
N080 G41 G01 X35.00 Y-15 D01；	建立左刀补
N090 X-12.12 Y-15；，	
N100 G02 X-19.05 Y-3.00 R8；	
N110 G01 X-6.93 Y18.00；	
N120 G02 X6.93 Y18.00 R8；	
N130 G01 X19.05 Y-3.00；	
N140 G02 X12.12 Y-15 R8；	
N150 G03 X12.12 Y-31 R8；	取消刀补
N160 G40G01 X45.00 Y-15.00；	抬刀
N170 Z2；	快速抬到安全高度
N180 G00 Z20；	主轴停转
N190 M05；	程序结束
N200 M30；	

任务实施

如图3-4所示轮廓零件图，根据图纸尺寸要求，试分析零件加工工艺，并编写加刀具半径补偿的数控加工程序，填写程序表3-12。

表 3-12 加工程序

程序	备注

知识拓展——加工尺寸控制

控制尺寸的方法很多，可以用修改程序参数、修改刀具补偿值、修改 G54 数值等。这里学习用修改刀具半径补偿的方法来控制尺寸。

用半径补偿控制尺寸的关键在于刀具补偿量的设置。如图 3-24 所示，若尺寸 100mm 在加工后的测量值为 100.50mm，则尺寸误差为：$\Delta=100.50-100.00=0.50$（mm）

在进行精切加工时，刀具补偿量应改为：$D=D_0-\Delta/2$

其中，D_0 为原来的刀具补偿值。

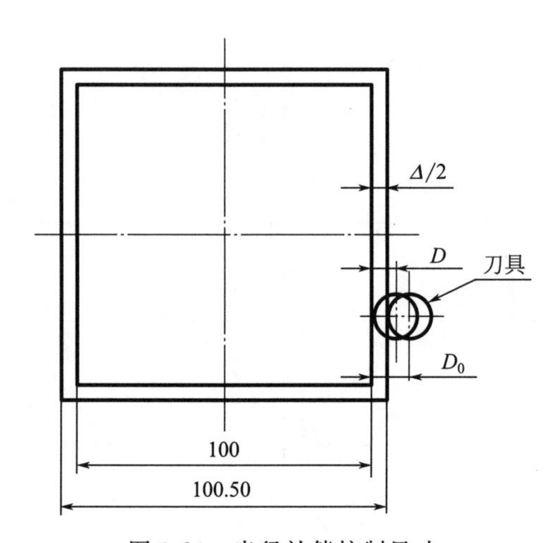

图 3-24　半径补偿控制尺寸

刀具半径补偿控制尺寸的特点：

1）用刀具半径补偿控制尺寸不需要修改程序，只需要修改补偿值即可，粗切精切可采用同一程序完成。

2）用刀具半径补偿只能控制与走刀路线方向垂直的尺寸，而不能控制平行于刀具轴线方向的尺寸。

3）用刀具半径补偿只能控制轮廓的尺寸，不能进行点位尺寸的控制（如孔的中心距），也不能控制线槽的长度。

思考与练习

1）刀具半径补偿有哪些作用？

2）分析图 3-25 零件图，并编写加工程序。

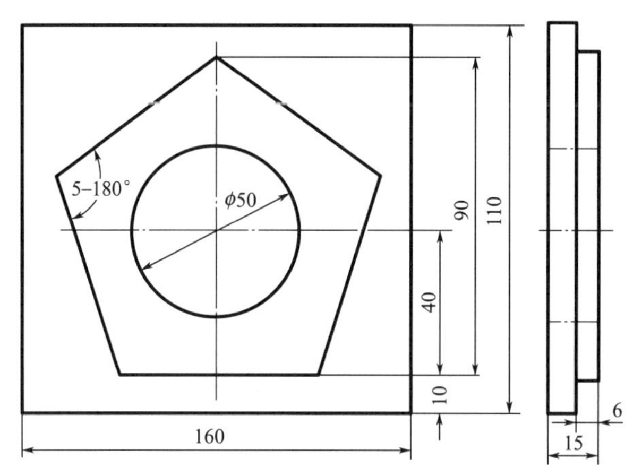

图 3-25　五边形外轮廓与圆柱形内轮廓

任务五　孔的编程与加工

任务描述

掌握数控铣床孔加工及螺纹加工的编程方法。如图 3-26 所示零件图，根据图纸尺寸要求，试分析零件加工工艺，并编写数控加工程序。

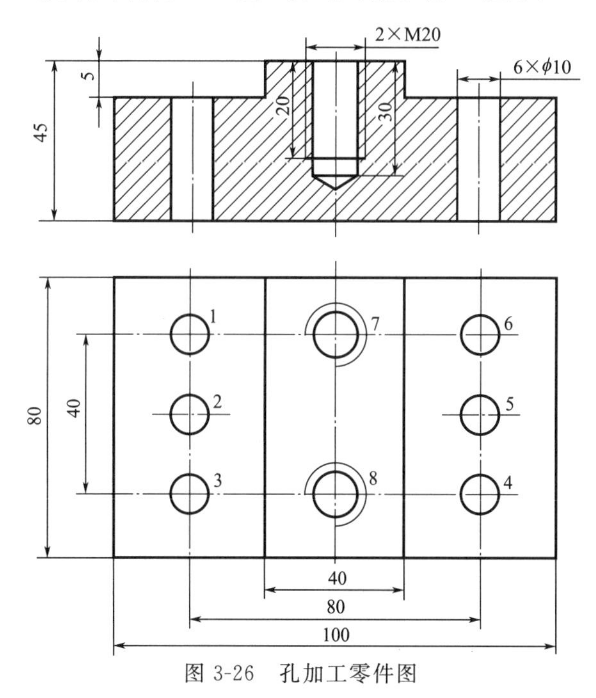

图 3-26　孔加工零件图

任务目标

1）掌握孔加工固定循环指令 G99 和 G98、G81 和 G82、G73 和 G83、G74 和 G84 及 G80 编程方法。

2）掌握孔和螺纹的加工方法。

知识准备

1. 孔加工固定循环动作

在数控加工中常遇到孔的加工，如盲孔、通孔和螺纹孔等。常采用立式加工中心和数控铣床进行孔加工是最普通的加工方法。

孔加工固定循环动作如图 3-27 所示。

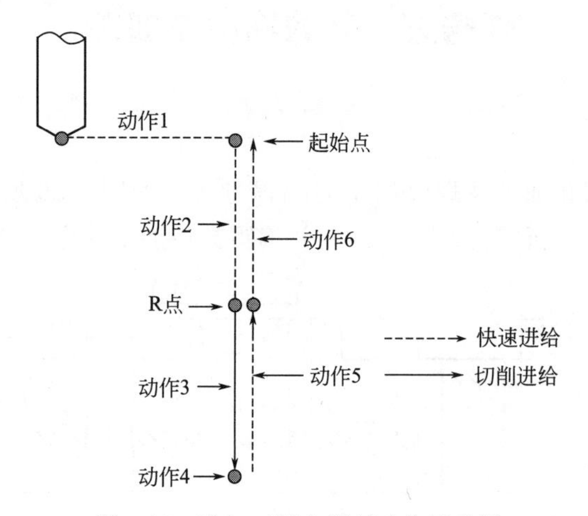

图 3-27 孔加工固定循环动作示意图

动作 1：快速定位到初始平面孔加心位置的正上方。

动作 2：快速下降到 R 平面（R 平面在工件表在上方 2～5mm 处）。

动作 3：执行孔加工动作。

动作 4：孔底暂停动作。

动作 5：快速返回 R 平面。

动作 6：快速返回初始平面。

2. 返回平面设定指令 G98/G99

G98、G99 为在孔加工完成后，刀具返回点平面选择指令，G98 指令表示刀具返回到初始点平面，G99 指令表示刀具返回到 R 点平面，如图 3-27 所示。

3. 孔加工固定循环指令 G81 和 G82

格式：

(G98/G99)G81 X _ Y _ Z _ R _ F _ L _；

(G98/G99)G82 X _ Y _ Z _ R _ P _ F _ L _

说明：

X Y 绝对值方式（G90）时，指定孔的绝对位置；增量值方式（G91）时，指定刀具从当前位置到孔位的距离。

Z 绝对值方式（G90）时，指定孔底的绝对位置；增量值方式（G91）时，指定孔底到 R 点的距离。

R 绝对值方式（G90）时，指定 R 点的绝对位置；增量值方式（G91）时，指定 R 点到初始平面的距离。

P 指定在孔底的暂停时间（单位：ms）。

F 指定切削进给速度。

L 循环次数

G81 动作过程如图 3-28 所示。

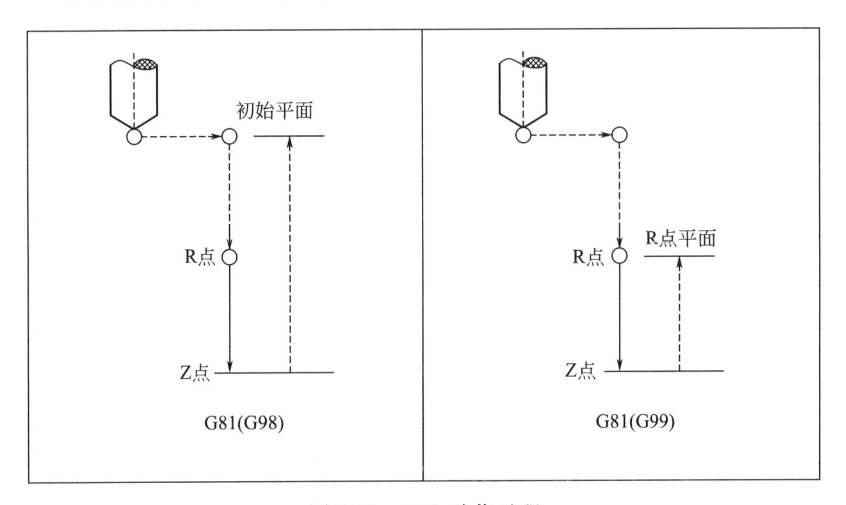

图 3-28　G81 动作过程

1）刀位点快移到孔中心上方 B 点；

2）快移接近工件表面，到 R 点；

3）向下以 F 速度钻孔，到达孔底 Z 点；

4）主轴维持旋转状态，向上快速退到 R 点（G99）或 B 点（G98）；

G82 动作过程如图 3-29 所示。

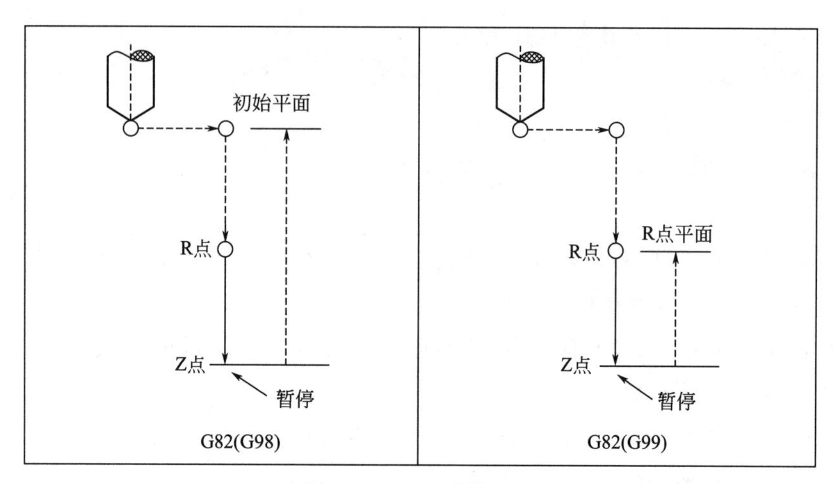

图 3-29 G82 动作过程

1）刀位点快移到孔中心上方 B 点；

2）快移接近工件表面，到 R 点；

3）向下以 F 速度钻孔，到达孔底 Z 点；

4）主轴维持原旋转状态，延时 P 秒；

5）向上快速退到 R 点（G99）或 B 点（G98）。

4. 高速深孔加工固定循环指令 G73

该固定循环用于 Z 轴的间歇进给，使深孔加工时容易断屑、排屑、加入冷却液、且退刀量不大，可以进行深孔的高速加工。G73 的动作序列如图 3-30 所示。图中虚线表示快速定位，q 表示每次进给深度，k 表示每次的回退值。

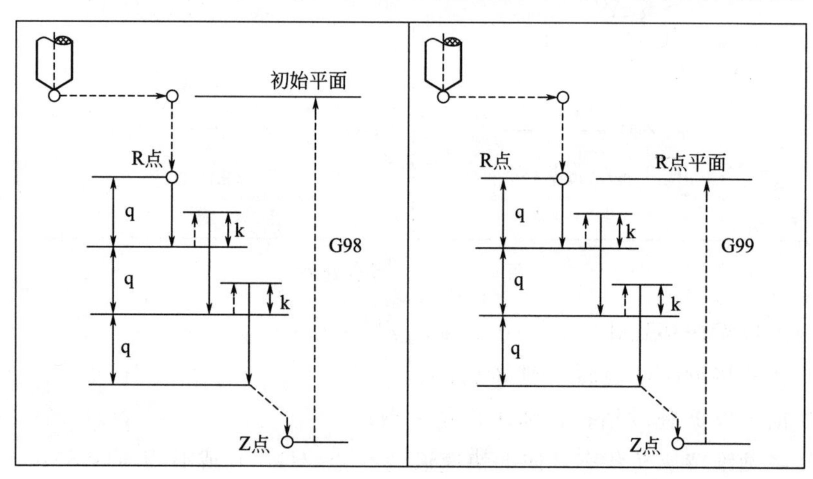

图 3-30 G73 动作过程

指令格式：(G98/G99)G73 X __ Y __ Z __ R __ Q __ P __ K __ F __ L __

说明：

X Y 绝对编程（G90）时是孔中心在 XY 平面内的坐标位置；增量编程（G91）时是孔中心在 XY 平面内相对于起点增量值。

Z 绝对编程（G90）时是孔底 Z 点的坐标值；增量编程（G91）时是孔底 Z 点相对于参照 R 点的增量值。

R 绝对编程（G90）时是参照 R 点的坐标值；增量编程（G91）时是参照 R 点相对于初始 B 点的增量值。

Q 为每次向下的钻孔深度（增量值，取负）。

P 刀具在孔底的暂停时间，以 ms 为单位。

K 为每次向上的退刀量（增量值，取正）。

F 钻孔进给速度。

L 循环次数（需要重复钻孔时）

G73 动作过程：

1）刀位点快移到孔中心上方 B 点；

2）快移接近工件表面，到 R 点；

3）向下以 F 速度钻孔，深度为 q 量；

4）向上快速抬刀，距离为 k 量；

5）步骤 3）、4）往复多次；

6）钻孔到达孔底 Z 点；

7）孔底延时 P 秒（主轴维持旋转状态）；

8）向上快速退到 R 点（G99）或 B 点（G98）。

5. 深孔加工循环指令 G83

该固定循环用于 Z 轴的间歇进给，每向下钻一次孔后，快速退到参照 R 点，退刀量较大、更便于排屑好、方便加冷却液。G83 的动作序列如图 3-30 所示。

指令格式：(G98/G99)G83 X __ Y __ Z __ R __ Q __ K __ F __ L __ P __

说明：

X Y 绝对值方式（G90）时，指定孔的绝对位置；增量值方式（G91）时，指定刀具从当前位置到孔位的距离。

Z 绝对值方式（G90）时，指定孔底的绝对位置；增量值方式（G91）时，指定孔底到 R 点的距离。

R 绝对值方式（G90）时，指定 R 点的绝对位置；增量值方式（G91）时，指定 R 点到初始平面的距离。

Q 为每次向下的钻孔深度（增量值，取负）

K 距已加工孔深上方的距离（增量值，取正）。

F 指定切削进给速度。

L 重复次数（一般用于多孔加工的简化编程，L=1 时可省略）。

P 指定在孔底的暂停时间（单位：ms）。

G83 动作序列如图 3-31 所示。

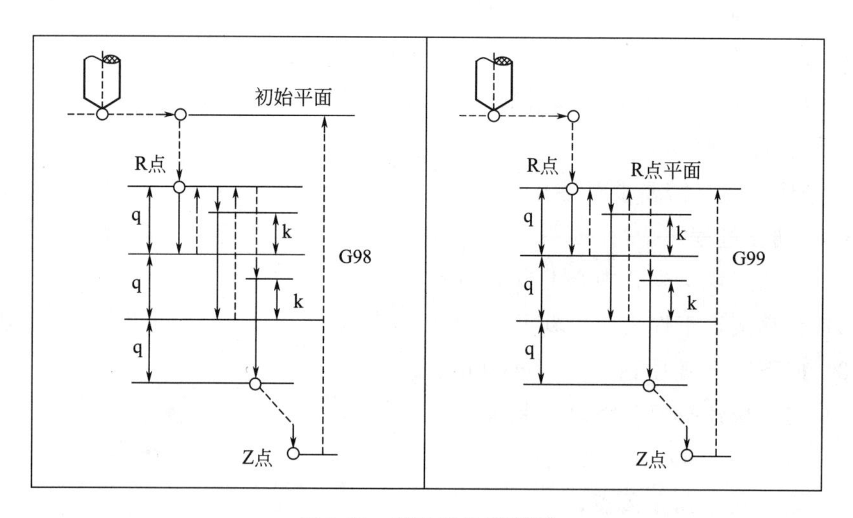

图 3-31　G83 动作序列图

G83 动作过程：

1）刀位点快移到孔中心上方 B 点；

2）快移接近工件表面，到 R 点；

3）向下以 F 速度钻孔，深度为 q 量；

4）向上快速抬刀到 R 点；

5）向下快移到已加工孔深的上方，k 距离处；

6）向下以 F 速度钻孔，深度为（q+k）量；

7）重复步骤 4)、5)、6)，到达孔底 Z 点；

8）孔底延时 P 秒（主轴维持原旋转状态）；

9）向上快速退到 R 点（G99）或 B 点（G98）。

所谓深孔，是指孔深和孔直径之比大于 5 小于 10 的孔。在深孔加工中除合理选择切削用量外，还需解决三个主要问题：排屑、冷却钻头和使加工周期最小化。从图 3-30 和图 3-31 可以看出，执行 G73 指令时，每次进给后令刀具退回一个 d 值（用参数设定）；而 G83 指令则每次进给后均退回至 R 点，即从孔内完全退出，然后再钻入孔中。深孔加工与退刀相结合可以破碎钻屑，令其小得足以从钻槽顺利排出，并且不会造成表面的损伤，可避免钻头的过早磨损。G73 指令虽然能保证断屑，但排屑主要是依靠钻屑在钻头螺旋槽中的流动来保证的。因此深孔加工，特别是长径比较大的深孔，为保证顺利打断并排出切屑，应优先采用 G83 指令。

6. 螺纹加工固定循环指令 G74/G84

格式：

(G98/G99)G74 X __ Y __ Z __ R __ P __ F __ L __

(G98/G99)G84 X __ Y __ Z __ R __ P __ F __ L __；

说明：

X __ Y __指定加工孔的位置，（与 G90 或 G91 指令的选择有关）。

Z __指定孔底平面的位置（与 G90 或 G91 指令的选择有关）。

R __指定 R 点平面的位置（与 G90 或 G91 指令的选择有关）。

P 指定攻丝到孔底时的暂停时间，以 ms 为单位。

F 指定螺纹导程（视具体参数设定）。

L 重复次数（L＝1 时可省略）。

G74/G84 动作过程如图 3-32 和图 3-33 所示。

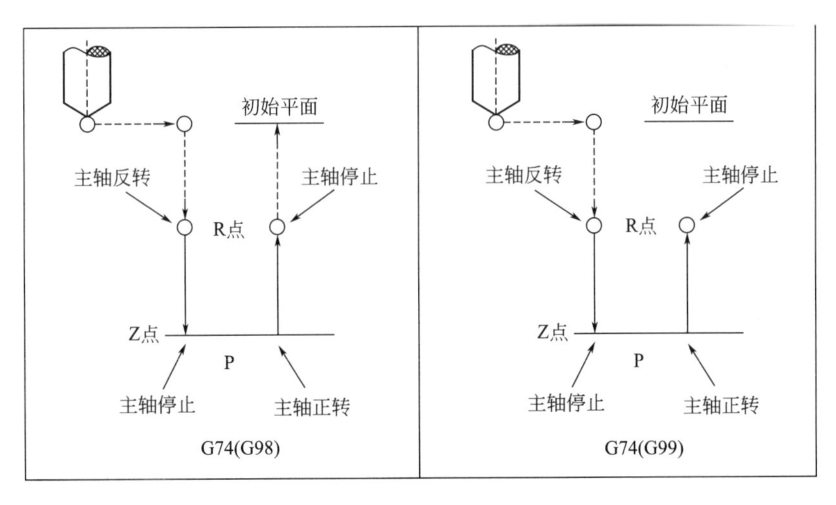

图 3-32　G74 动作过程

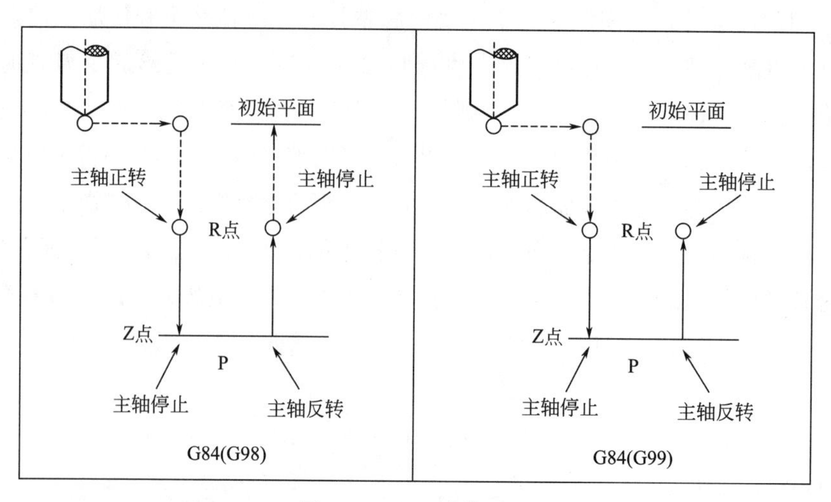

图 3-33　G84 动作过程

7. 钻孔固定循环取消（G80）

该指令用于取消钻孔固定循环。

8. 编程加工示例

如图 3-34 所示，分析加工艺，并编写相关数控程序，填写表 3-13。

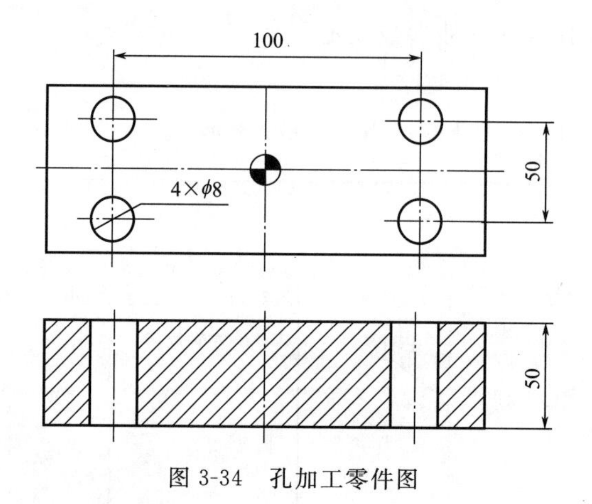

图 3-34　孔加工零件图

表 3-13　加工程序

程序	备注
%0001	程序号
G40G49G80 M03S500	;取消刀具长度和半径补偿及固定循环

续表

程序	备注
%0001	程序号
G00Z50 　X0Y0 G98G90G81X50Y25Z-53R3F100 　X-50Z-25 　　Z25 　X50Z-25 G80 M05 M30	 ;钻第一个孔 ;钻第二个孔 ;钻第三个孔 ;钻第四个孔 ;取消固定循环

任务实施

如图 3-26 所示，分析加工工艺，并编写相关数控程序，填写表 3-14。

表 3-14　加工程序

续表

知识拓展——刀具长度补偿

通常，编程时指定的刀具长度与实际使用的刀具的长度不一定相等，它们之间有一个差值。为了操作及编程方便，可以将该差值存储于CNC的刀具偏置存储器中，然后用刀具长度补偿代码补偿该差值。这样，即使使用不同长度的刀具进行加工，只要知道该刀具与编程使用的刀具长度之间的差值，就可以在不修改加工程序的前提下进行正常加工。

刀具长度补偿指令G43、G44、G49介绍如下。

1）指令格式：G43(G44)G01 Z __ H __ F __

G43(G44)G00 Z __ H __

G49 G01 Z __ F __

G49 G00 Z __

2）指令功能　G43为正向偏置，指定刀具长度的正向补偿；G44为负向偏置，指定刀具长度的反向补偿；G49取消刀具长度补偿。刀具长度补偿见图3-35。

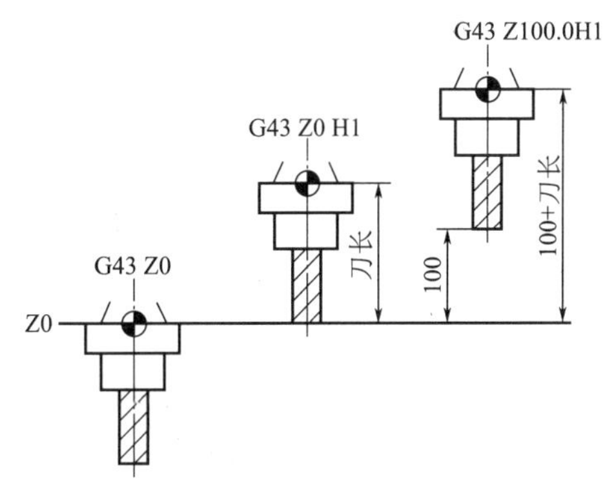

图3-35　刀具长度补偿

说明：

无论是绝对值指令，还是增量值指令，在G43时，把程序中Z轴移动指令终点坐标值加上用H代码指定的偏移量（设定在偏置存储器中）；G44时，减去H代码指定的偏移量，然后把其计算结果的坐标值作为终点坐标值，如图3-35所示。实际应用中，常使用G43长度补偿，只有在特殊情况才使用G44指令。

执行G43时：Z实际值＝Z指令值＋(H××)

执行G44时：Z实际值＝Z指令值－(H××)

式中，(H××）是指编号为××寄存器中的补偿值，H00～H99。

G43、G44是模态G代码，在遇到同组其他G代码之前均有效。

思考与练习

1）分析图3-36零件图，并编写加工程序。

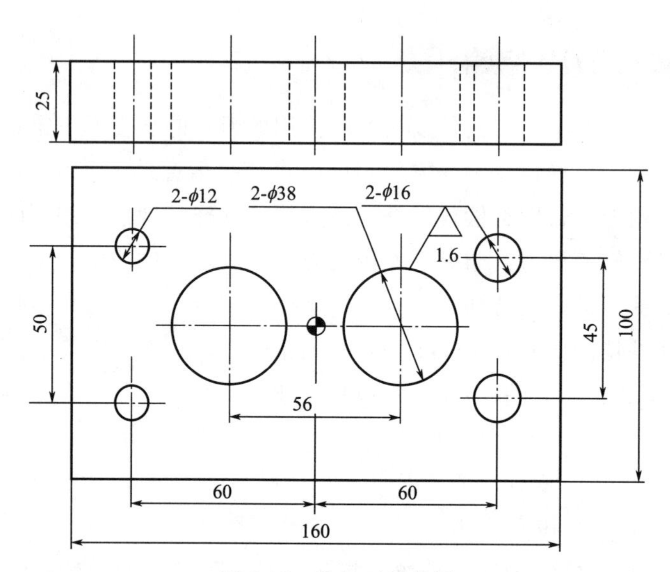

图 3-36 孔加工零件图

2）分析图 3-37 零件图，并编写加工程序。

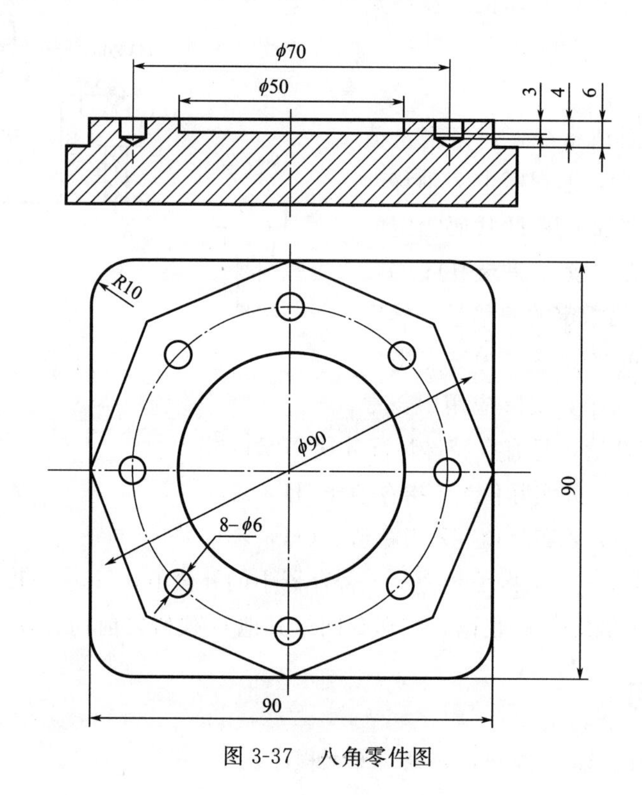

图 3-37 八角零件图

任务六　子程序的编程

任务描述

掌握数控铣床工件加工中子程序的编程方法，主要有深度方向的分层切削以及相同轮廓的加工等。如图 3-38 所示零件图，根据图纸尺寸要求，试分析零件加工工艺，并编写数控加工程序。

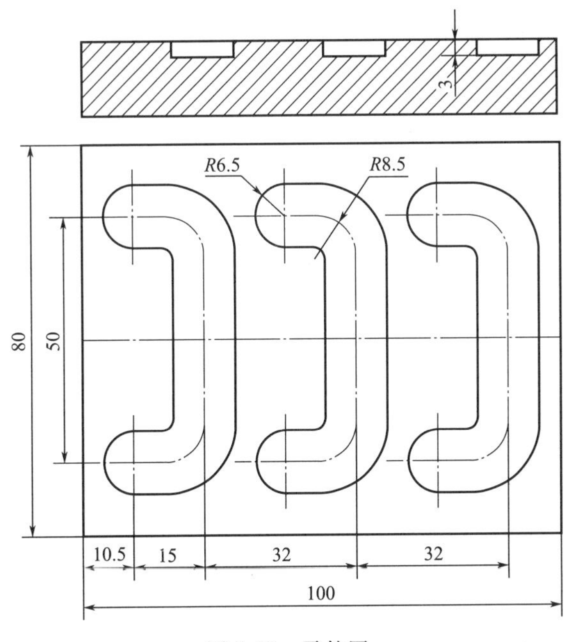

图 3-38　零件图

任务目标

1）掌握子程序调用相关指令 M98、M99。

2）掌握刀分层切削以及相同轮廓的加工的子程序编程方法与加工。

知识准备

1. 子程序的概念

在一个加工程序的若干位置上，如果包含有一连串在写法上完全相同的内容，为了简化程序可以把这些重复的程序段做成固定程序，单独命名，这个程序段被称为子程序。

子程序通常不能作为独立的加工程序使用，它只能通过调用，实现加工中的局部动作。子程序执行结束后，能自动返回到调用的主程序中。

2. 子程序的结构

%××××；子程序号

……；子程序内容

M99；子程序返回

3. 子程序调用（M98）

M98 P□□□□ L△△△

说明：

□□□□——被调用的子程序号（为阿拉伯数字）。

△△△——子程序重复调用的次数。

4. 子程序的应用

(1) 实现零件的分层加工　当零件在某个方向上的总切削深度较大时，可通过调用子程序实现分层切削。如图 3-39 所示，切削深度太深，不能一次完成，

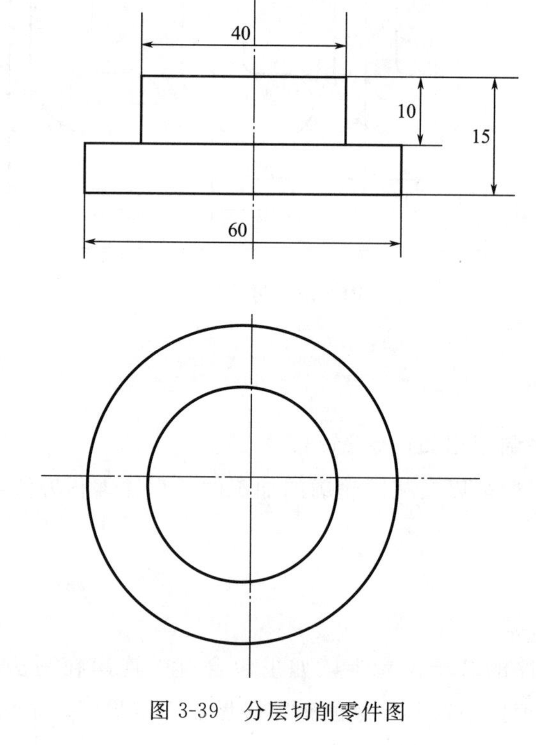

图 3-39　分层切削零件图

需要分层切削才能完成零件加工；参考加工程序见表 3-15。

表 3-15　参考加工程序

主程序	子程序
%0001	%0002
G80G40G49 M03S500 G00Z50 　X0Y0 　X-50Y-50　　;定位到下刀位置 　Z2 M98P0002L4　　;调用子程序 4 次 G90G00Z50 　X0Y0 M05 M30	G91G01Z-3F100　　;相对坐标，每次下刀 3mm G90G41G01X-20Y-35D01　　;刀补建立 　　　Y0 G02X-20Y0I20J0 G01　　Y35 G40G00X-50Y50　　;刀补取消 　　　Y-50　　;回到下刀位置 M99　　;子程序结束

（2）同一平面内多个相同轮廓的加工　在编程时，只需编写其中一个轮廓的加工程序，然后用主程序调用即可。如图 3-40 所示，图中 3 个尺寸相同的正方形凸台，高度均为 3mm，可以调用子程序来完成加工；参考加工程序见表 3-16。

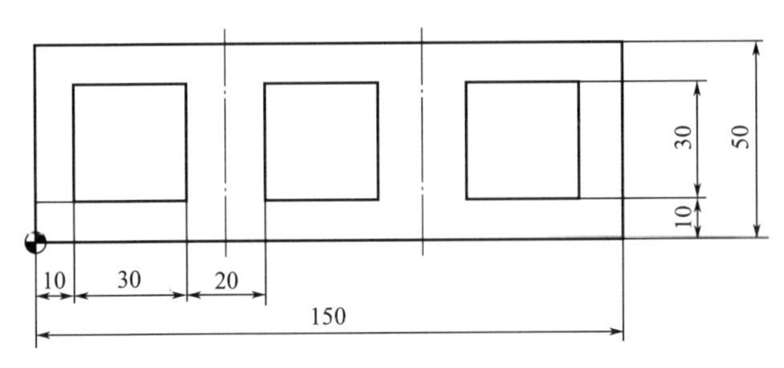

图 3-40　相同轮廓零件图

表 3-16　参考加工程序

主程序	子程序
%0001	%0002
G40G49G80 M03S500 G00Z50 X0Y0 　X-10Y-10　;定位到下刀点 　Z3 G01Z-3F100　;下到切深处	G91G41G01X20Y10D01　;相对坐标模式下建立刀补 G01　　Y40 　　X-30 　　　Y-30 　　X-40 G40G00X-10Y-20　　;刀补取消 M99　　;子程序结束

续表

主程序	子程序
%0001	%0002
M98P0002L3 ;调用子程序 3 次 G90G00Z50 ;绝对坐标模式下抬刀 X0Y0 M05 M30	

任务实施

如图 3-38 所示，分析加工工艺，并编写相关数控程序，填写表 3-17。

表 3-17 加工程序

续表

知识拓展——简化编程功能

1. 镜像功能（M）（G24，G25）

当工件相对于某一轴具有对称形状时，可以利用镜像功能和子程序功能，只对工件的一部分进行编程，而能加工出工件的对称部分，这就是镜像功能。

格式：

G24 IP ；建立镜像

……

G25 IP0 ；取消镜像

IP 为镜像轴位置。

如图 3-41 所示，设刀具起点距工件上表面 100mm，切削深度 5mm。使用镜像功能编制轮廓的加工程序见表 3-18。

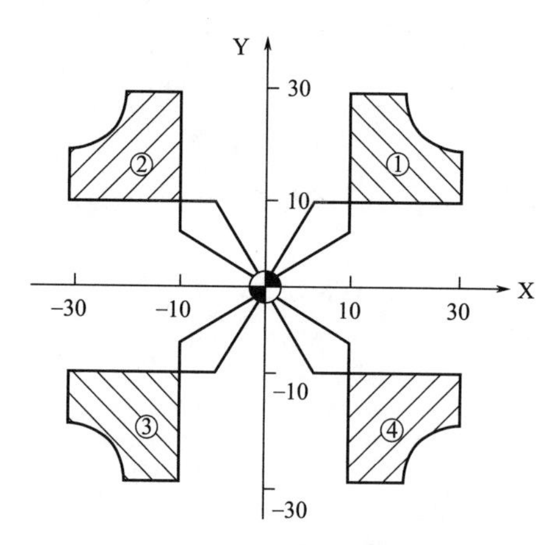

图 3-41 镜像零件图

表 3-18 缩放加工程序

主程序		子程序
G92 X0 Y0 Z100		N100 G41 G00 X10 Y4 D01
G91 G17 M03 S600		N120 G43 Z10 H01
M98 P100	;加工①	N130 G01 G90 Z-3 F300
G24 X0	;Y 轴镜像，镜像位置为 X=0	N140 G91 Y26
M98 P100	;加工②	N150 X10
G24 Y0	;X、Y 轴镜像，镜像位置为(0,0)	N160 G03 X10 Y-10 I10 J0
M98 P100	;加工③	N170 G01 Y-10
G25 X0	;X 轴镜像继续有效，取消 Y 轴镜像	N180 X-25
M98 P100	;加工④	N185 G00 Z10
G25 X0 Y0	;取消镜像	N190 G90 G49 G00 Z100
M30		N200 G40 X0 Y0
		N210 M99

2. 缩放功能（M）（G50，G51）

执行比例缩放功能时程序编制的程序轨迹按给定的比例系数放大或缩小。

格式：

G51 IP __ P __　；缩放开始

……

G50　；缩放取消

说明：

IP 指定缩放中心点坐标，不指定则指定当前点为缩放中心点。本指令始终指定缩放中心在工件坐标系中的绝对位置。

P 指定各轴缩放系数。所有轴均按照此系数缩放

注意：

1）单独指令 G51 的程序段；

2）在比例缩放结束后用 G50 予以取消；

3）在 G51 程序段，无论是增量方式（G91）还是绝对方式（G90）下，比例缩放的中心坐标 IP __是指在工件坐标系中的绝对位置；

4）在有刀具补偿的情况下，先进行缩放，然后才进行刀具半径补偿、刀具长度补偿。比例缩放不会改变刀具半径补偿值和刀具长度补偿值。

如图 3-42 所示，已知三角形 ABC 的顶点为 A（10，30），B（90，30），C（50，110），三角形 A′B′C′是缩放后的图形，其中′缩放中心为 D（50，50），缩放系数为 0.5 倍，设刀具起点距工件上表面 50mm。使用缩放功能编制轮廓的加工程序见表 3-19。

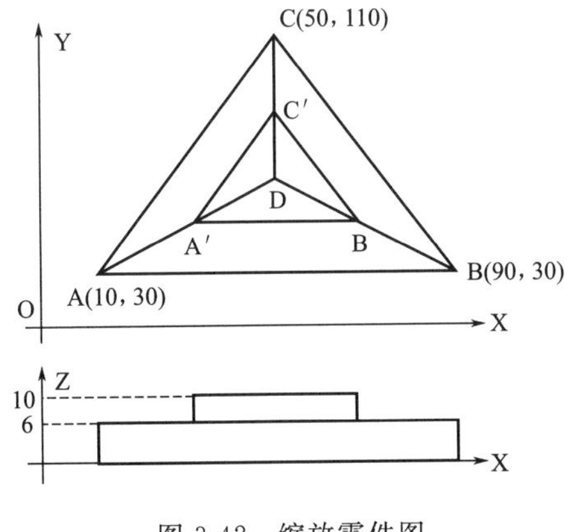

图 3-42　缩放零件图

表 3-19　缩放加工程序

主程序		子程序
%3332;		%100;
G92 X0 Y0 Z60		N100 G41 G00 Y30 D01
G17 M03 S600 F300		N120 Z[#51]
G43 G00 Z14 H01		N150 G01 X10
X110 Y0		N160 X50 Y110
#51=0		N170 G91 X44 Y-88
M98 P100	;加工三角形 ABC	N180 G90 Z[#51]
#51=6		N200 G40 G00 X110 Y0
G51 X50 Y50 P0.5	;缩放中心(50,50),缩放系数 0.5	N210 M99
M98 P100	;加工三角形 A′B′C′	
G50	;取消缩放	
G49 Z60		
G00 X0 Y0		
M05		
M30		

3. 旋转变换（M）（G68，G69）

使用旋转变换功能，可以将程序编制的加工轨迹绕旋转中心旋转指定角度。如工件的形状由许多相同的图形组成，则可将图形单元编程子程序，然后用主程序的旋转变换指令调用。

格式：

G17/G18/G19　；选择旋转平面

G68 IP __ P __　；建立旋转变换

……

G69　；取消旋转变换

说明：

IP 指定旋转中心坐标点。若不指定则为刀具当前点。无论是绝对方式或相对方式均指定工件坐标系中的绝对位置

P 旋转角度（单位：度）：旋转角度 P 的取值范围是－360～360，逆时针为正，顺时针为负，无论 G90 或 G91 指定，P 始终是参考指定平面内第一轴正方向的角度绝对值。

刀具补偿：在坐标系旋转之后执行刀具半径补偿刀具长度补偿刀具偏置和其它补偿操作。在需要即旋转又缩放时，应先编写开启旋转功能后编写缩放功能，否则将提示“变换嵌套次序错”。

如图 3-43 所示，设刀具起点距工件上表面 50mm，切削深度 5mm。使用旋转功能编制轮廓的加工程序见表 3-20。

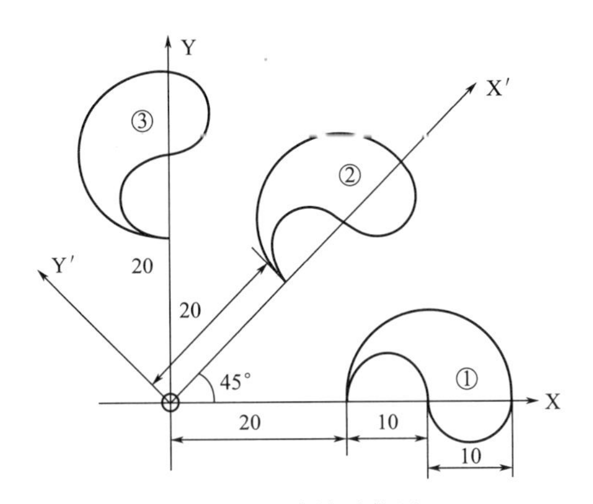

图 3-43 旋转零件图

表 3-20 旋转加工程序

主程序	子程序
%3333 N10 G92 X0 Y0 Z50 N15 G90 G17 M03 S600 N20 G43 Z-5 H02 N25 M98 P200 ;加工① N30 G68 X0 Y0 P45 ;旋转 45° N40 M98 P200 ;加工② N60 G68 X0 Y0 P90 ;旋转 90° N70 M98 P200 ;加工③ N80 G49 Z50 N90 G69 M05 M30 ;取消旋转	%200 G41 G01 X20 Y-5 D02 F300 N105 Y0 N110 G02 X40 I10 N120 X30 I-5 N130 G03 X20 I-5 N140 G00 Y-6 N145 G40 X0 Y0 N150 M99

思考与练习

1）分析图 3-44 零件图，并编写加工程序。

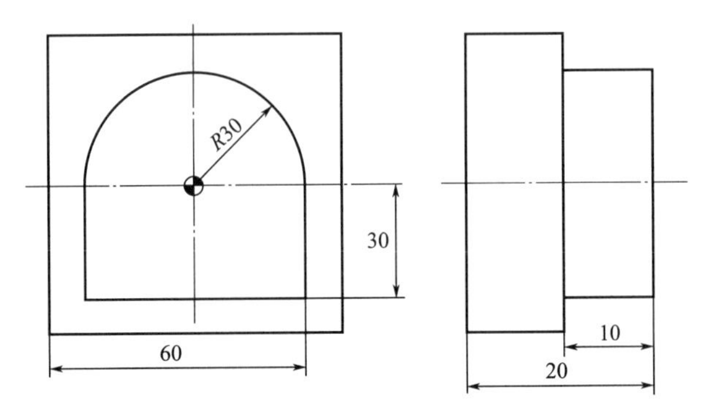

图 3-44 零件图（一）

2）分析图 3-45 零件图，并编写加工程序。

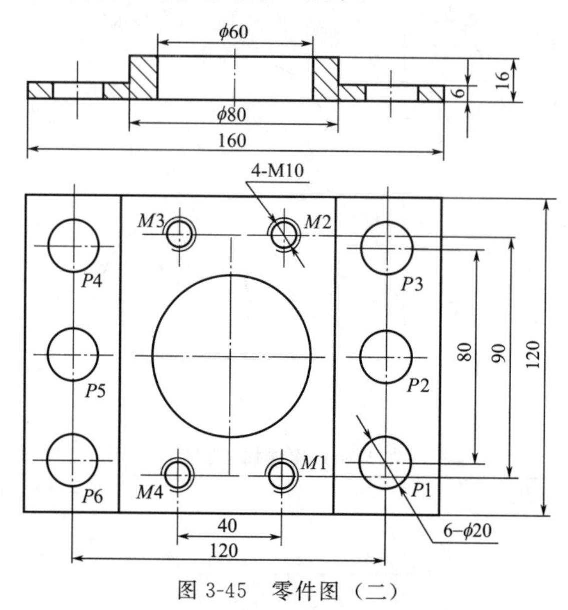

图 3-45　零件图（二）

任务七　数控铣削综合练习

任务描述

主要是通过各种零件图的加工练习，使学生熟练掌握数控铣削编程的方法与技巧（图 3-46～图 3-53）。

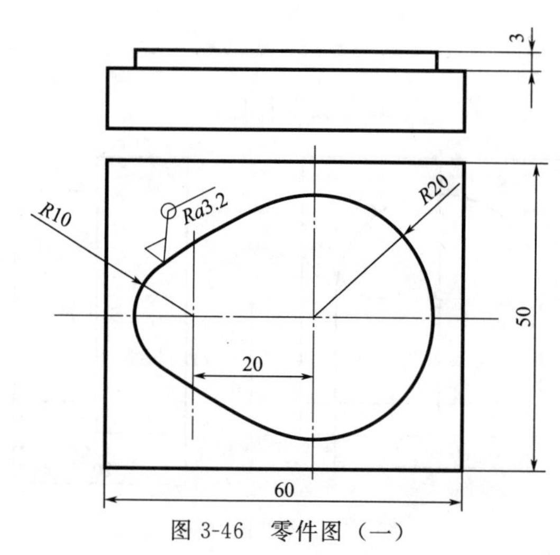

图 3-46　零件图（一）

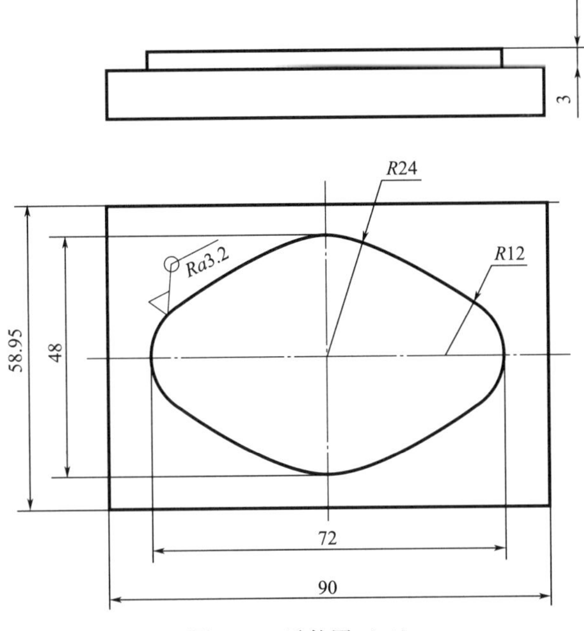

图 3-47　零件图（二）

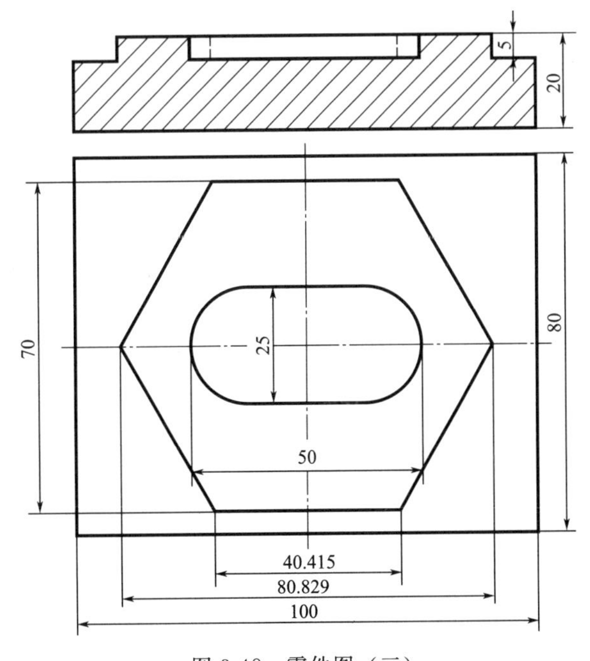

图 3-48　零件图（三）

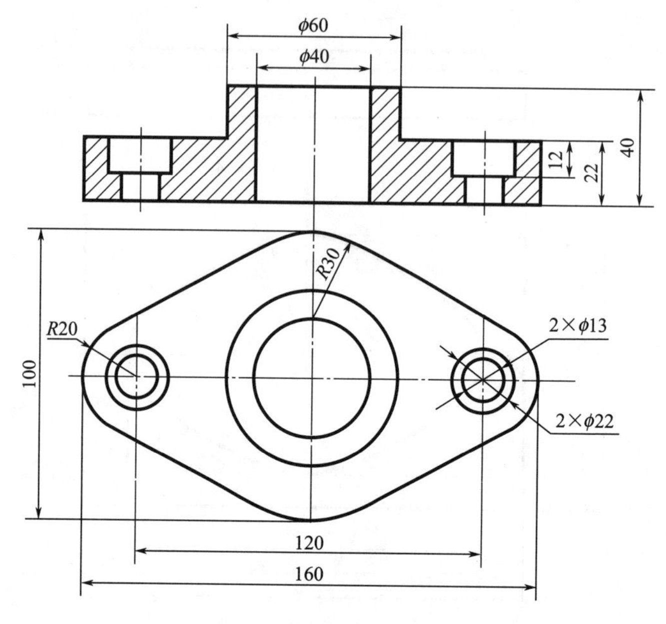

图 3-49 零件图（四）

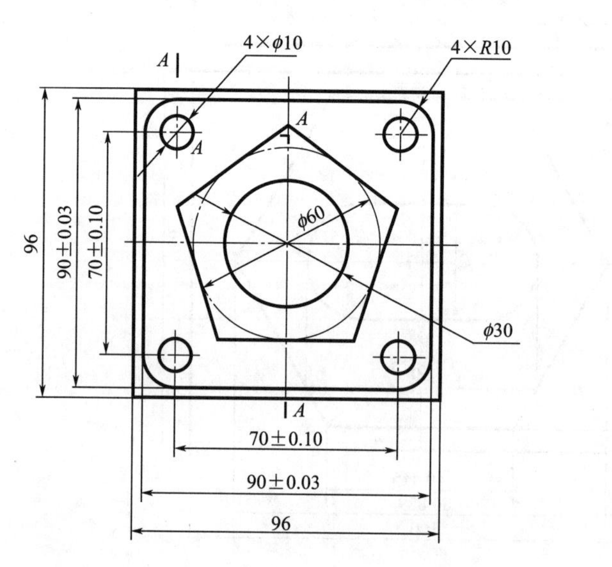

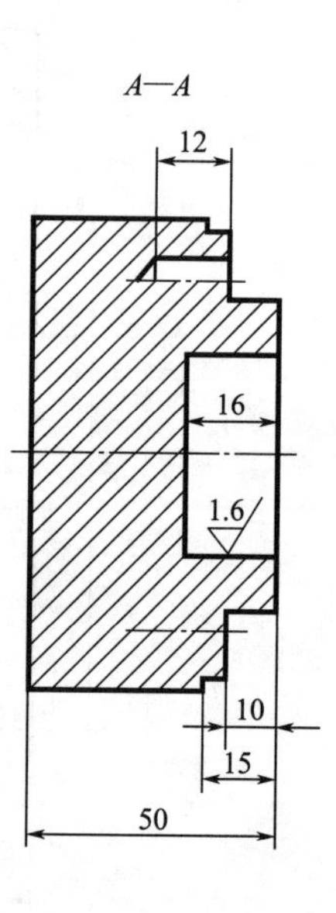

图 3-50 零件图（五）

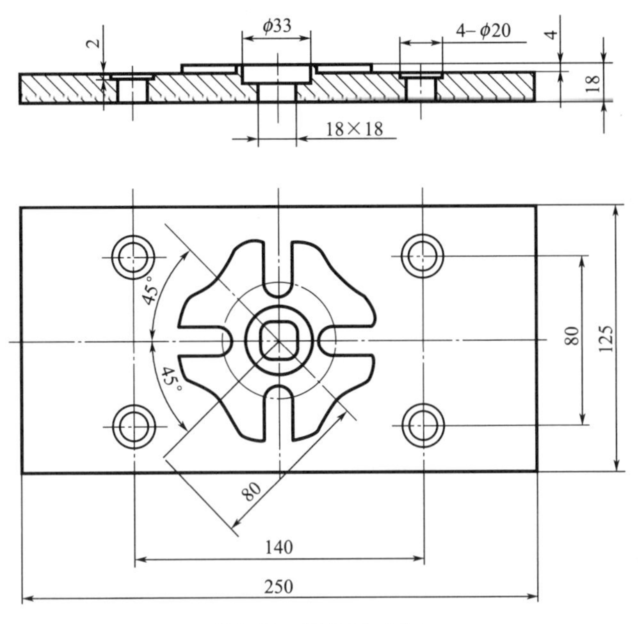

图 3-51　零件图（六）

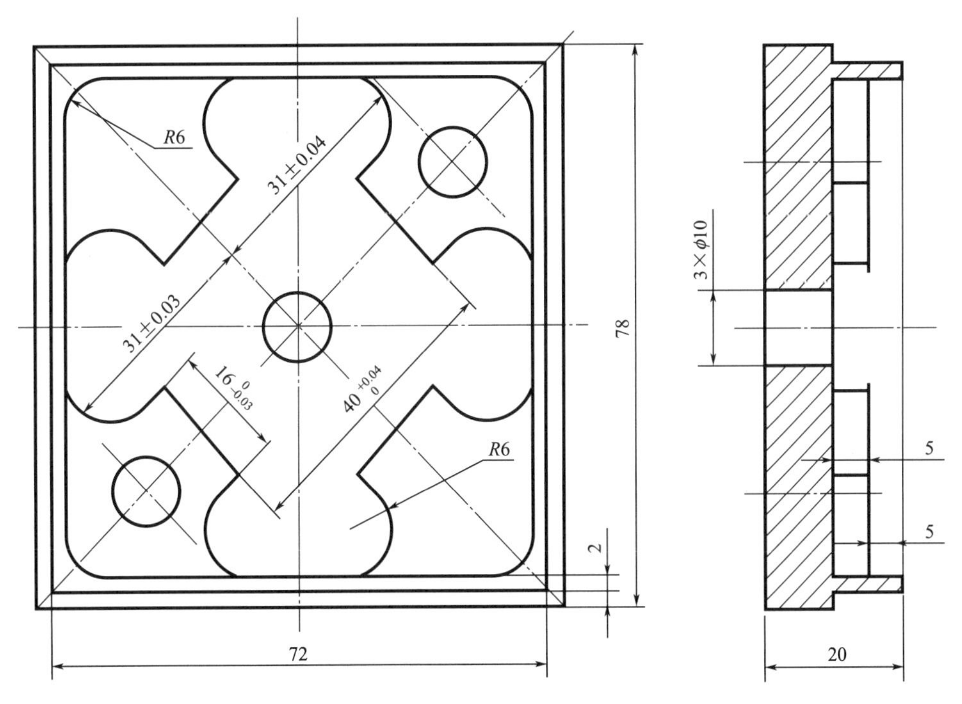

图 3-52　零件图（七）

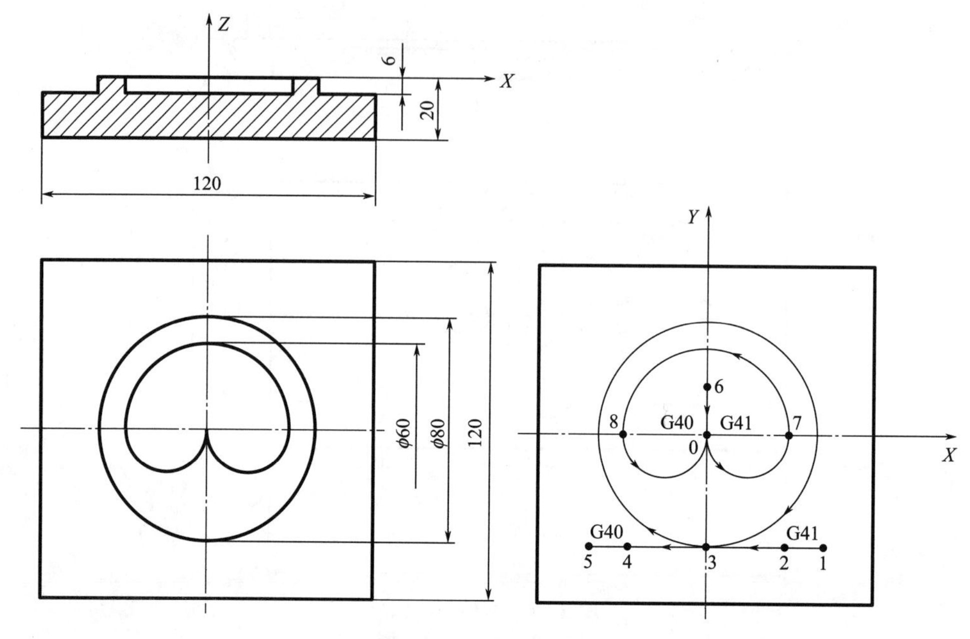

图 3-53 零件图（八）